咖啡馆 慢时光

118 款 招牌咖啡、茶饮、果汁、冰品及餐点

[韩] 申颂尔 著
林文 译

中国轻工业出版社

前言

近几年来，“signature”这个英语单词相当常见，字面上的意思是签名、署名、特征等，现在则是指“值得挂牌推出”，被广泛应用在品牌、服务等领域。餐厅或咖啡馆也不例外，每家店几乎都有一两道招牌饮品或餐点，制作上比一般菜品更花心思，自然也有不少客人专门为其登门品尝。

那么，如何定制招牌餐单？首先，不管是何种饮品或餐点，都要加上有别于其他人的巧思。善用自制的手作糖浆，在原有的风味上加入微苦、浓郁或香甜等细微的差异，就能带来截然不同的味道。而创新组合也能打造出独一无二的餐单，3种以上食材混搭变化，就能创造出全新的滋味，咖啡和水果、茶和果汁、饮料和饼干等想象不到的组合，独创的餐单就此诞生。小时候记忆中的味道也能重新登场，更加精巧、别致，呈现出复古的面貌。

你最喜欢的招牌餐单是什么？寻找专属于自己的招牌餐单，是了解自己品味的过程，请试着在本书众多的咖啡馆招牌餐单中寻找答案。书中从咖啡、茶、饮料到点心，用简单的文字写成任何人都能轻松试做的食谱。找出属于自己的招牌餐单吧。

目录

咖啡

茶、花草茶

基底 绿茶

基底 红茶

基底 花草茶

饮品

点心

风味

在美式咖啡中增添香气的饮品时下非常流行，
有别于以往以苦味、酸味等味道进行分类，
现在更倾向于用可可香、坚果香、柑橘香、莓果香等香气来区别。

颜色

在原味拿铁中加入颜色的饮品越来越多，
色彩变化丰富，
连平时不易在饮食中见到的紫色都运用上了。
想要做出风格独特的饮品，
最好专注于明度而非彩度。

口感

加入口感独特的配料是最近的流行趋势，
饮品口味偏酸或苦更胜过甜味，
强烈浓郁的味道更胜于柔和的味道，
轻柔流淌的鲜奶油也是人气元素之一。

咖啡

SIGNATURE COFFEE

在咖啡馆招牌饮品中，位居首位的当然是咖啡。
在每日饮用的美式咖啡中增添香气和色彩，再搭配上独特的配料。
强调不同产地咖啡豆的特征，忠于原味，专注于咖啡本味的精品
咖啡越来越多，容量则渐渐变小，追求小小的奢华。

基底

调制咖啡饮品时，使用的基底有意式浓缩咖啡、冰滴咖啡和滴漏式咖啡。即使咖啡豆的品种和烘焙方式相同，如果萃取方式不同，咖啡的浓度甚至口味和香气也会产生微妙的变化。表现出依照不同方式萃取的咖啡的本来特性，是招牌饮品的核心所在。浓郁的意式浓缩咖啡搭配牛奶，不受温度影响的冰滴咖啡调制气泡饮品，散发出隐约香气的滴漏式咖啡则适用于加水的饮料。

基底

意式浓缩咖啡

运用高压蒸气的意大利式咖啡萃取法制作而成的高浓度咖啡。相比于其他萃取法，使用等量咖啡豆萃取出的意式浓缩咖啡液体量明显较少，味道强烈，适合调制加入大量牛奶的饮品，或混入多种食材，变化出各种饮品。想要激发出意式浓缩咖啡浓郁的风味，就要增加咖啡豆的用量。萃取时随意增加液体量会破坏饮料的平衡。使用意式浓缩咖啡机、摩卡壶、胶囊咖啡机皆可萃取。

✚ 牛奶

想要突破牛奶的味道和质感，展现出咖啡的原汁原味，咖啡的味道和香气必须要浓烈。意式浓缩咖啡也适合调制加入豆奶或杏仁奶的混合饮料。

冰滴咖啡

不使用热水，而是用冰水长时间萃取的咖啡。日本称之为冰滴咖啡，美国则称之为冷萃咖啡。特征是口感温润柔和，苦味少，属于长时间萃取的浓郁咖啡，适合调制加水或牛奶的饮品。低温保存的冰滴咖啡经过熟成后更能发挥出风味。
作为基底咖啡时，务必使用冷藏保存的冰滴咖啡，是调制冷饮的最佳选择。

✚ 气泡饮

冷藏保存的冰滴咖啡适合调制冰凉的气泡饮品，能够创造出醇厚度和清凉感兼具的独特咖啡饮品。

滴漏式咖啡

将研磨咖啡粉放在滴漏设备中，用水冲泡而成的咖啡，称为滴漏式咖啡或滴滤式咖啡。可以自由调整水量、水温和咖啡豆研磨粗细等条件，适合用味道强烈的咖啡豆。其浓度类似使用法式滤压壶萃取的咖啡，常用于调制维也纳咖啡。
作为基底咖啡时，要特别注意咖啡豆颗粒研磨的粗细，太细会使饮品发涩。

✚ 水

滴漏式咖啡只会萃取出咖啡中的水溶性成分，建议使用非洲系列带有酸味的咖啡豆，调制冰凉的咖啡饮品。

萃取

咖啡萃取除了众所周知的方法外，还有许多其他方式。例如作为基底咖啡的意式浓缩咖啡，可以通过意式浓缩咖啡机、摩卡壶、胶囊咖啡机等不同方式萃取。下面就来一一了解一下。

手冲

1 准备15克咖啡豆，研磨成较粗的粉。

2 将滤杯放在咖啡壶上，倒入热水预热。

3 将滤纸折好后放在滤杯中，倒热水润湿。

4 将咖啡粉放入滤杯中，铺平。

5 手冲壶中倒入85℃的热水，往咖啡壶中注水，直至咖啡粉被润湿。

6 咖啡粉表面膨胀、中间产生裂缝时，从中心螺旋形倒入热水，重复三四次。

7 倒入咖啡杯中即可。

能够感受到咖啡最天然味道的萃取法，咖啡的研磨颗粒比用于意式浓缩咖啡机的咖啡粉粗，若研磨得太细则不易萃取，而且最终成品也可能会发涩。萃取前，将热水倒入咖啡壶和滤杯预热，滤纸也要先用热水润湿。萃取时最好用软水，水煮沸后稍微冷却，大约85℃。能够凸显酸味的咖啡豆非常适合手冲。

意式浓缩咖啡机

萃取用于饮品中的意式浓缩咖啡时，最重要的就是咖啡豆的用量。饮品中的咖啡味道不会因为放入了大量意式浓缩咖啡而变得浓郁，咖啡味道取决于浓度而非用量，绝对不能任意增加意式浓缩咖啡的萃取量。一般来说，7～10克的咖啡豆可以萃取29毫升浓缩咖啡，14～20克咖啡豆可以萃取58毫升浓缩咖啡。选用最细的刻度来研磨咖啡豆。

1 准备14克咖啡豆，研磨成细粉。

2 将咖啡粉放入滤杯中。

3 将咖啡粉捣平。

4 将咖啡粉用力按压平整。

5 将滤杯手柄装入咖啡机。

6 放好咖啡杯，按下按钮开始萃取。

7 从咖啡机上取下滤杯手柄即可。

摩卡壶

1 将水倒入下壶，水位切勿超过安全阀。

2 将咖啡粉放入中间的粉槽。

3 咖啡粉无须压紧，轻轻刮平整即可。

4 旋紧上下壶，注意中间不要留有缝隙。

5 开火加热至摩卡壶发出声响。

6 下壶的咖啡溢至上壶一半时关火。

7 萃取结束后，将咖啡倒入咖啡杯中，洗净摩卡壶。

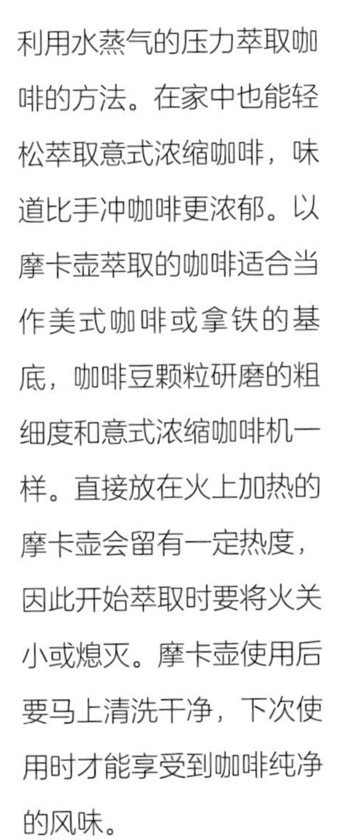

利用水蒸气的压力萃取咖啡的方法。在家中也能轻松萃取意式浓缩咖啡，味道比手冲咖啡更浓郁。以摩卡壶萃取的咖啡适合当作美式咖啡或拿铁的基底，咖啡豆颗粒研磨的粗细度和意式浓缩咖啡机一样。直接放在火上加热的摩卡壶会留有一定热度，因此开始萃取时要将火关小或熄灭。摩卡壶使用后要马上清洗干净，下次使用时才能享受到咖啡纯净的风味。

法式滤压壶

只要有咖啡粉和器具，无论身在何处都可以轻松操作的萃取法。未经滤纸过滤，味道可能稍涩，口感醇厚，适合喜欢饮用浓郁咖啡的人。法式滤压壶的滤网无法过滤咖啡粉的微小粉末，因此要像手冲咖啡一样，使用较粗的咖啡粉。因萃取出的咖啡含有少量咖啡细粉，建议丢弃壶底的咖啡。

1 准备15克咖啡豆，研磨成较粗的粉。

2 将咖啡粉放入壶中。

3 分两次倒入200毫升热水（85～90℃）。

4 第一次注水后等待30秒，再进行第二次注水。

5 第二次注水后充分搅拌。

6 等待2分30秒～3分钟后，慢慢压下滤网。

7 将咖啡倒入杯中即可。

冰滴壶

1 准备70克咖啡豆，研磨成粉。

2 将滤纸放在粉槽底部，用水润湿。

3 将咖啡粉放入粉槽，刮平整后用另一张滤纸覆盖。

4 将350毫升冰水装入上壶，盖上盖子后逆时针旋转阀门。

5 将水滴速度调整至1秒滴落1滴，将上下壶安装在一起。

6 咖啡萃取完成后，放入密封玻璃瓶中冷藏保存。

根据萃取方法的不同，可分为冰滴咖啡和冷萃咖啡。冰滴咖啡是通过一次只滴落一滴水的方式萃取，而冷萃咖啡则是将冰水和咖啡粉混合后浸泡萃取，两者的味道几乎没有差异，建议咖啡豆的研磨颗粒比用意式浓缩咖啡机的咖啡粉略粗一些。萃取完成后将咖啡装入瓶中冷藏保存，咖啡熟成后会变得更加浓郁、香醇。适度稀释的冰滴咖啡喝起来就像柔和的手冲咖啡。

变化：基底+牛奶

以咖啡为基底调制饮品时，最先被想到的搭配就是牛奶。浓浓的黑色咖啡和白色的牛奶是不变的经典搭配，加入咖啡中的牛奶量不同，味道和特征也会随之变化。每年都会有全新比例的招牌饮品登场。

○意式浓缩咖啡（咖啡：牛奶=1：0）

将咖啡的水溶性和脂溶性成分都萃取出来的意式浓缩咖啡，表层会含有褐色或土黄色的浓密咖啡脂。将14克咖啡豆研磨成细粉，用热水经过25秒、9个大气压的压力，萃取出58毫升意式浓缩咖啡。味道浓郁、爱好者众多，是调制大多数咖啡饮品的基底。

○直布罗陀咖啡（咖啡：牛奶=1：1）

由双份意式浓缩咖啡加入等量蒸气牛奶调制而成的咖啡。咖啡师们在开店前可以快速调制并饮用，并作为评估当天咖啡口味的饮品，因此广为人知。喜欢浓郁拿铁的人不可错过的饮品。可以尝试使用综合咖啡豆或单品咖啡豆调制。

○**馥芮白（咖啡：牛奶=1：3）**

意式浓缩咖啡加入打出细密奶泡的蒸气牛奶，调制而成的饮品，特征是牛奶温度不会太烫，奶泡平坦。奶泡层1厘米以下时口味最佳，调制后要快速饮用。

○**卡布奇诺（咖啡：牛奶：奶泡=1：2：3）**

意式浓缩咖啡加入丰厚奶泡的饮品，咖啡、牛奶、奶泡的比例相当重要，1：1：1或1：2：3两种都正确。卡布奇诺杯一般是下方狭窄，越往上越宽，咖啡、牛奶和奶泡的比例从高度来看是1：1：1，从量来看则是1：2：3。

○**拿铁（咖啡：牛奶=1：5）**

拿铁是添加牛奶的咖啡饮品中最大众化的一种，以浓郁的意式浓缩咖啡加入大量热腾腾的蒸气牛奶调制而成，咖啡和牛奶的比例为1：5，这也是花式牛奶咖啡的基本基底公式。加入1份意式浓缩咖啡时口味温和，2份意式浓缩咖啡是拿铁的基本口味，3份则口味浓郁。能喝出香醇甜美的味道，才是好的拿铁。

基底 滴漏式咖啡

维也纳咖啡

奥地利维也纳的马车夫一手驾驭马车，一手拿着咖啡饮用，因此这种咖啡被称为维也纳咖啡。将鲜奶油放在咖啡上，多年来广受人们喜爱。不使用大杯子，用小杯子配以浓浓的咖啡才是重点。

配方

• 咖啡基底

手冲咖啡150毫升

• 配料

冰 冰块1/2杯

• 糖浆

白砂糖10～15克

发泡鲜奶油1勺

• 装饰

热 可可豆碎1小勺

冰 可可粉少许、香草1枝

做法

1 将200毫升90℃热水倒入15克滴漏式咖啡所用的咖啡粉中，萃取150毫升手冲咖啡。

2 温杯。咖啡杯中倒入热水后再倒出，或使用微波炉加热咖啡杯30秒。

3 在预热后的咖啡杯中放入10克白砂糖，倒入萃取的咖啡，使糖溶化。

4 放上发泡鲜奶油，撒上可可豆碎。

1 将200毫升90℃热水倒入15克滴漏式咖啡所用的咖啡粉中，萃取150毫升手冲咖啡。

2 将15克白砂糖放入咖啡中，溶化。

3 冰块放入咖啡杯中，将咖啡倒入杯中。

4 放上发泡鲜奶油后撒可可粉，用香草装饰。

小贴士

制作发泡鲜奶油

在100毫升冷的鲜奶油中放入10克白砂糖，混合均匀，用打蛋器搅打至打蛋器倒过来时，奶油的弯曲弧度像鹰爪时即可。放入冰箱冷藏一天后再使用。

基底 滴漏式咖啡

热

柳橙香草咖啡

将柳橙果干浸泡在咖啡中，凸显出水果香气的咖啡。添加香草糖浆，在咖啡和柳橙之间取得口味的平衡。没有柳橙，也可将柑橘类水果风干后使用，如葡萄柚、蜜柑、柠檬都很合适。

配方

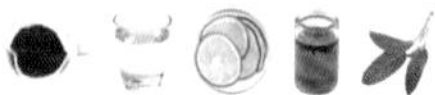

• 咖啡基底

手冲咖啡180毫升

• 糖浆

香草糖浆10毫升（见P207）

• 装饰

柳橙果干2片、香草少许

做法

1 将1片柳橙果干放入手冲咖啡下壶中。

2 将200毫升90℃热水倒入15克滴漏式咖啡所用的咖啡粉中，萃取180毫升柳橙手冲咖啡。

3 温杯。咖啡杯中倒入热水后再倒出，或使用微波炉加热咖啡杯30秒。

4 将香草糖浆倒入预热的咖啡杯中。

5 倒入柳橙手冲咖啡，将1片柳橙果干和香草放在咖啡上。

小贴士

水果干燥机的温度以40～50℃为宜

制作水果干时，可将水果切成两三毫米的薄片后自然风干，或放入水果干燥机中，温度设定为40～50℃，干燥6～8小时。使用机器干燥时，若温度设定得过高，水果会褐变，影响视觉效果。

基底 滴漏式咖啡

冰

鹦鹉糖冰咖啡

粗制蔗糖能将咖啡的本味提升，就算不是法国“la Perruche”鹦鹉糖也没有关系。先将牛奶倒入杯中，再让咖啡经由汤匙一点点慢慢流入，制作出鲜明的分层咖啡。

配方

• 咖啡基底

手冲咖啡80毫升

• 配料

牛奶180毫升、冰块1/2杯

• 糖浆

粗制蔗糖13克

做法

1. 将100毫升90℃热水倒入15克滴漏式咖啡所用的咖啡粉中，萃取80毫升手冲咖啡。
2. 在咖啡杯中倒入牛奶，放入粗制蔗糖，使糖完全溶化。
3. 放入冰块，并利用汤匙将咖啡慢慢倒入杯中。

小贴士

溶化蔗糖的顺序很重要

牛奶和咖啡层次分明的秘密在于二者比重的差异。蔗糖在牛奶中溶化后会提升浓度，牛奶会沉入杯底，但如果蔗糖溶化在咖啡中，就无法制作出预期中的层次，因此需要注意蔗糖溶化的顺序。

基底 滴漏式咖啡

榛果咖啡

浓郁的咖啡以榛果糖浆调味，味道更佳香醇。热饮时，榛果的香气会变得更加强烈，因此要酌情减少糖浆用量。冷饮时可充分放入糖浆，享受香甜的气息。

配方

• 咖啡基底

手冲咖啡150～180毫升

• 配料

冰 碎冰1杯

• 糖浆

榛果糖浆15～20毫升

做法

1 将200毫升90℃热水倒入15克滴漏式咖啡所用的咖啡粉中，萃取180毫升手冲咖啡。

2 温杯。咖啡杯中倒入热水后再倒出，或使用微波炉加热咖啡杯30秒。

3 将咖啡倒入预热的咖啡杯中。

4 放入15毫升榛果糖浆即可。

1 将200毫升90℃热水倒入15克滴漏式咖啡所用的咖啡粉中，萃取150毫升手冲咖啡。

2 在咖啡杯中放入4/5的碎冰。

3 将咖啡倒入杯中冷却。

4 放入20毫升榛果糖浆，放入剩余的碎冰即可。

黑糖咖啡

使用冲绳黑糖调制而成的咖啡，滋味甜美、层次丰富、味道一流。冲绳黑糖属于天然糖，其中的矿物质成分能够补充日常能量。加入牛奶调制成拿铁也很棒。

配方

• 咖啡基底

手冲咖啡150毫升

• 配料

冰块1杯

• 糖浆

黑糖15克

• 装饰

黑糖少许

做法

1. 将200毫升90℃热水倒入15克滴漏式咖啡所用的咖啡粉中，萃取150毫升手冲咖啡。
2. 在咖啡中放入黑糖，搅拌均匀使其溶化。
3. 用冰块将咖啡杯填满。
4. 倒入咖啡，冷却后放上装饰用的黑糖即可。

小贴士

避免使用再制黑糖

不推荐使用添加人工焦糖色素的再制黑糖来调制饮品。如果没有黑糖，可以用粗制红糖。

基底 滴漏式咖啡

冰

伯爵咖啡

喜欢伯爵茶的香气，又想享受咖啡的人所寻觅的饮品。伯爵茶特有的佛手柑香气十分柔和，一般冲泡茶包约浸泡3分钟，用于调制咖啡时，浸泡1分30秒为宜，这样咖啡的存在感才不会消失无踪。

配方

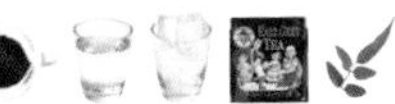

· 咖啡基底

手冲咖啡180毫升

· 其他基底

伯爵红茶包1包

· 配料

冰块1杯

· 装饰

香草少许

做法

1. 将200毫升90℃热水倒入15克滴漏式咖啡所用的咖啡粉中，萃取180毫升手冲咖啡。
2. 在咖啡中放入伯爵红茶包，浸泡1分30秒。
3. 用冰块将咖啡杯填满，放入浸泡后的伯爵红茶包。
4. 倒入咖啡，冷却。
5. 再添加少许冰块，放入香草。

小贴士

选择基本款伯爵红茶包

要放入咖啡中浸泡的伯爵红茶包，建议选择基本款。添加了奶油香、焦糖香等香味的调味茶可能会破坏咖啡的香气。茶叶用量为1.5～2克最为适宜。

基底 滴漏式咖啡

枫糖咖啡

添加用枫糖浆制成的砂糖，让咖啡变得柔和又富有层次，枫糖特有的隐约香味提升了咖啡的口感。可以用枫糖浆代替枫糖砂糖。夏秋之际享受冰饮，冬春之际饮用热饮。

配方

• **咖啡基底**

手冲咖啡150～180毫升

• **配料**

冰 冰块1杯

• **糖浆**

枫糖砂糖8～13克

做法

1 将200毫升90℃热水倒入15克滴漏式咖啡所用的咖啡粉中，萃取180毫升手冲咖啡。

2 温杯。咖啡杯中倒入热水后再倒出，或使用微波炉加热咖啡杯30秒。

3 将8克枫糖砂糖放入咖啡杯中。

4 倒入咖啡即可。

1 将200毫升90℃热水倒入15克滴漏式咖啡所用的咖啡粉中，萃取150毫升手冲咖啡。

2 将13克枫糖砂糖放入咖啡中，搅拌至溶化。

3 用冰块将咖啡杯填满。

4 倒入咖啡，冷却即可。

基底 滴漏式咖啡

防弹咖啡

经常出现在低碳高脂饮食中的咖啡，源自游牧民族将山羊奶的油脂放入咖啡中饮用的文化。将黄油和油脂加入咖啡中调制而成，去除了油脂特有的味道和颜色，适合活用在饮品中。

配方

• 咖啡基底

手冲咖啡200毫升

• 配料

MCT油（中链甘油三酸酯）15克

• 糖浆

无盐黄油20克

做法

1 将250毫升90℃热水倒入15克滴漏式咖啡所用的咖啡粉中，萃取200毫升手冲咖啡。

2 温杯。咖啡杯中倒入热水后再倒出，或使用微波炉加热咖啡杯30秒。

3 在咖啡杯中倒入MCT油和1/2萃取出的咖啡，快速搅拌。

4 放入无盐黄油，快速搅拌20秒。

5 倒入剩余咖啡，混合均匀即可。

小贴士

一定要使用无盐黄油

一定要使用无盐黄油，才不会有咸味混入咖啡中。用迷你电动起泡器搅拌最好，若用手，则需快速搅拌。

基底 滴漏式咖啡

越南咖啡

越南语为Ca Phe Sua Da，意思是冰牛奶咖啡。甜蜜的炼乳和浓郁的咖啡相遇，喝过一次就无法忘怀。阿拉比卡咖啡豆虽好，但使用苦味重的罗布斯塔咖啡豆调制，口味会更加浓烈。若你已厌倦一般的拿铁，一定要试试这款越南咖啡。

配方

• 咖啡基底

手冲咖啡 150～180毫升

• 配料

冰 冰块1杯

• 糖浆

炼乳20～30毫升

做法

1. 将200毫升90℃热水倒入20克滴漏式咖啡所用的咖啡粉中，萃取180毫升手冲咖啡。
2. 温杯。咖啡杯中倒入热水后再倒出，或使用微波炉加热咖啡杯30秒。
3. 将20毫升炼乳倒入咖啡杯中。
4. 倒入咖啡，充分搅拌即可。

1. 将200毫升90℃热水倒入20克滴漏式咖啡所用的咖啡粉中，萃取150毫升手冲咖啡。
2. 将30毫升炼乳倒入咖啡中，充分搅拌。
3. 用冰块将咖啡杯填满。
4. 倒入咖啡，冷却即可。

基底 滴漏式咖啡

冰

棉花糖咖啡

在香气四溢的滴漏式咖啡上放满云朵般的棉花糖，味道香甜迷人。用外面卖的棉花糖即可轻松制作，趁棉花糖在咖啡中尚未完全溶化时享用吧！

配方

• 咖啡基底
手冲咖啡150毫升

• 配料
冰块1杯

• 糖浆
棉花糖1份

• 装饰
可食用花少许

做法

1. 将200毫升90℃热水倒入20克滴漏式咖啡所用的咖啡粉中，萃取150毫升手冲咖啡。
2. 用冰块将咖啡杯填满。
3. 在杯中倒入咖啡至九分满，冷却。
4. 将棉花糖整理成圆形，放在咖啡上，用吸管固定。
5. 在棉花糖的空隙间放入可食用花装饰。

小贴士

使用包装好的棉花糖

建议使用包装好的棉花糖，非常方便。

基底 意式浓缩咖啡

热

直布罗陀咖啡

在萃取意式浓缩咖啡的杯子里直接倒入热牛奶，使用分量接近的咖啡和牛奶调制而成，可以享受到滑顺的牛奶和口感丰富的咖啡。特别推荐给渴望喝到浓郁拿铁的人饮用。

配方

• 咖啡基底

意式浓缩咖啡40毫升

• 配料

牛奶50毫升

做法

1 温杯。在意式浓缩咖啡杯中倒入热水后再倒出，或使用微波炉加热30秒。

2 萃取40毫升意式浓缩咖啡（直接萃取至意式浓缩咖啡杯中）。

3 牛奶加热后备用（用锅煮或用微波炉加热均可）。

4 将热牛奶倒入咖啡中即可。

小贴士

杏仁奶或豆奶也可以

如果不想用牛奶，建议改用杏仁奶或豆奶，坚果醇厚的香气和意式浓缩咖啡很契合，会有意想不到的滋味。

基底 意式浓缩咖啡

鲜奶油巧克力咖啡

意式浓缩咖啡加上巧克力糖浆，倒入适量牛奶，以鲜奶油结尾的饮品。将鲜奶油搅打得具有分量感又不过分坚挺，是制作的重点。饮用时牛奶、咖啡和鲜奶油不混合在一起，而是倾斜咖啡杯后依次饮用，才是享用这道饮品的美味秘诀。

配方

· 咖啡基底

意式浓缩咖啡30～40毫升

· 配料

牛奶130毫升

冰 冰块1/2杯

· 糖浆

巧克力糖浆20～30毫升（见P209）

发泡鲜奶油1勺（见P21）

· 装饰

热 巧克力块适量

冰 可可粉少许

做法

1　萃取30毫升意式浓缩咖啡。

2　在咖啡中放入20毫升巧克力糖浆，混合均匀。

3　温杯。咖啡杯中倒入热水后再倒出，或使用微波炉加热咖啡杯30秒。

4　将咖啡倒入咖啡杯中。

5　将牛奶加热后倒入咖啡中，注意不要产生气泡，再放上发泡鲜奶油。

6　将巧克力块研磨成碎屑，撒在发泡鲜奶油上。

1　萃取40毫升意式浓缩咖啡。

2　在咖啡中放入30毫升巧克力糖浆，混合均匀。

3　在咖啡杯中放入冰块，倒入咖啡。

4　再倒入冰牛奶，放上发泡鲜奶油。

5　将可可粉撒在发泡鲜奶油上。

基底 意式浓缩咖啡

冰

柳橙意式白咖啡

一款极具人气的饮品，犹如在品尝柳橙巧克力。将糖渍柳橙和咖啡一起饮用，美味至极。饮用时使用稍粗的吸管才能同时品尝到糖渍柳橙和饮品。

配方

• 咖啡基底

意式浓缩咖啡50毫升

• 配料

牛奶180毫升、冰块1/2杯

• 糖浆

糖渍柳橙50克

• 装饰

柳橙片1片、香草少许

做法

1 萃取50毫升意式浓缩咖啡。

2 在玻璃杯中放入糖渍柳橙和冰块。

3 依次倒入牛奶和意式浓缩咖啡。

4 放上柳橙片，依个人喜好添加香草。

5 饮用前将饮品充分搅拌，连同糖渍柳橙一起饮用。

小贴士

使用葡萄柚或蜜柑均可

也可尝试使用葡萄柚或蜜柑来调制意式白咖啡。“Bianco”在意大利语中是白色的意思，用于咖啡中，是指拿铁加上水果的酸甜饮品。

基底 意式浓缩咖啡

姜黄咖啡

姜黄中萃取出的姜黄素正广泛受到全世界关注。将淡黄色的姜黄鲜奶油放在咖啡上，就成了适合温暖春日的饮品，加入可食用花卉或糖珠，创造出视觉焦点。

配方

• **咖啡基底**

意式浓缩咖啡30～40毫升

• **配料**

牛奶160～180毫升

冰 冰块1/2杯

• **糖浆**

白砂糖13～15克

姜黄鲜奶油1勺（姜黄素1滴+发泡鲜奶油1勺）

• **装饰**

可食用花少许

做法

1 萃取30毫升意式浓缩咖啡。
2 温杯。咖啡杯中倒入热水后再倒出，或使用微波炉加热咖啡杯30秒。
3 在咖啡杯中倒入意式浓缩咖啡和13克白砂糖，搅拌均匀。
4 将160毫升牛奶加热后倒入咖啡中，注意不要产生气泡。
5 发泡鲜奶油中加入姜黄素，混合成姜黄鲜奶油。
6 在咖啡上放上姜黄鲜奶油，用可食用花装饰。

1 萃取40毫升意式浓缩咖啡。
2 在咖啡中放入15克白砂糖，搅拌至糖完全溶化。
3 将咖啡倒入杯中。
4 倒入180毫升牛奶，混合后放入冰块冷却。
5 发泡鲜奶油中加入姜黄素，混合成姜黄鲜奶油。
6 在咖啡上放上姜黄鲜奶油，用可食用花装饰。

基底 意式浓缩咖啡

冰

咸拿铁

近期人气急升的饮品，有别于牛奶和咖啡分层的一般拿铁，分为盐水、咖啡和鲜奶油三层，略稀的鲜奶油比硬挺的发泡鲜奶油更适合这道饮品。饮用时充分搅拌才能品尝到甜咸交融的魅力。

配方

• 咖啡基底

意式浓缩咖啡40毫升

• 配料

饮用水100毫升、冰块1/2杯

• 糖浆

盐2克、白砂糖15克

• 装饰

发泡鲜奶油1勺（见P21）

做法

1 萃取40毫升意式浓缩咖啡。

2 在饮用水中放入盐和白砂糖，充分溶化。

3 将冰块放入玻璃杯中，倒入饮用水。

4 慢慢倒入意式浓缩咖啡。

5 将发泡鲜奶油放在咖啡上。

小贴士

使用营养丰富的天然海盐

这是一款在咖啡中放入盐，直接感受咸味的饮品。比起一般食盐，更推荐使用营养和味道更丰富的天然海盐。

基底 意式浓缩咖啡

香草拿铁

使用手作香草糖浆调制的香草拿铁，是具有代表性的招牌饮品，也是喜爱香甜咖啡的人中意的饮品。制作饮品的香草荚推荐选择马达加斯加产的香草荚。大溪地产的香草荚花香浓郁，可能会破坏咖啡原有的香味。

配方

• 咖啡基底

意式浓缩咖啡30～40毫升

• 配料

牛奶180～200毫升

冰 冰块1杯

• 糖浆

香草糖浆30～40毫升
（见P207）

• 装饰

热 香草荚1根

热 发泡鲜奶油1勺（见P21）

做法

1 萃取30毫升意式浓缩咖啡。
2 温杯。咖啡杯中倒入热水后再倒出，或使用微波炉加热咖啡杯30秒。
3 将意式浓缩咖啡倒入杯中。
4 在200毫升牛奶中倒入30毫升香草糖浆，充分加热。
5 将加热后的牛奶倒入咖啡中，拌匀。
6 在咖啡上放上发泡鲜奶油，插入香草荚。

1 萃取40毫升意式浓缩咖啡。
2 在咖啡中放入40毫升香草糖浆，搅拌均匀。
3 用冰块将咖啡杯填满。
4 将180毫升冰牛奶倒入杯中。
5 将混合香草糖浆的咖啡倒入牛奶中。

基底 意式浓缩咖啡

南瓜拿铁

每当万圣节所在的秋季来临时，就会让人想起用南瓜调制的南瓜拿铁。在咖啡中放入蒸熟的栗子南瓜糊，不仅口味独特，而且方便饮用。也可用一般的南瓜或将栗子打成泥，代替栗子南瓜，同样好喝。

配方

• 咖啡基底

意式浓缩咖啡25～40毫升

• 配料

牛奶160～180毫升

冰 冰块1杯

• 糖浆

栗子南瓜糊30～40克

（见P214）

• 装饰

热 肉桂粉少许

做法

1 萃取25毫升意式浓缩咖啡。

2 温杯。咖啡杯中倒入热水后再倒出，或使用微波炉加热咖啡杯30秒。

3 在咖啡杯中倒入30克栗子南瓜糊。

4 倒入意式浓缩咖啡，充分搅拌。

5 将160毫升牛奶加热后倒入咖啡中。

6 在咖啡上撒肉桂粉即可。

1 萃取40毫升意式浓缩咖啡。

2 将40克栗子南瓜糊和冰块放入杯中。

3 倒入180毫升牛奶，调制成黄色的牛奶基底。

4 倒入意式浓缩咖啡即可。

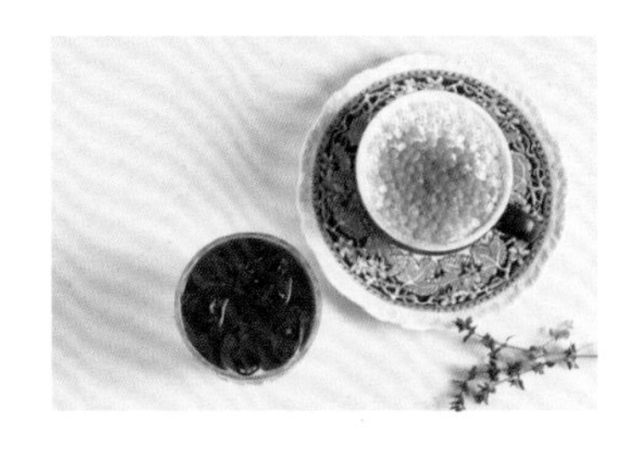

基底 意式浓缩咖啡

玫瑰拿铁

可曾想象过散发着玫瑰香味的咖啡？使用玫瑰糖浆和牛奶调制咖啡后，试着在奶泡上方用玫瑰花瓣作装饰，看着撒满花瓣的咖啡，无论是谁心情都会变好吧？

配方

• 咖啡基底
意式浓缩咖啡40毫升

• 配料
牛奶160毫升

• 糖浆
玫瑰糖浆20毫升（见P208）

• 装饰
奶泡1勺、食用玫瑰花瓣适量

做法

1 萃取40毫升意式浓缩咖啡。

2 温杯。咖啡杯中倒入热水后再倒出，或使用微波炉加热咖啡杯30秒。

3 在咖啡杯中放入玫瑰糖浆和意式浓缩咖啡，搅拌均匀。

4 以蒸气加热，打发牛奶。

5 将产生丰富奶泡的温热牛奶倒入咖啡中，再用汤匙将奶泡舀在咖啡上。

6 在奶泡上撒玫瑰花瓣装饰。

基底 意式浓缩咖啡

黑樱桃牛奶咖啡

在杯中依次放入意式浓缩咖啡、糖渍樱桃和牛奶，调制而成甜美又香气四溢的樱桃味牛奶咖啡，让人心旷神怡。若再加入充满樱花香气的樱花糖浆会更好喝，最后别忘了放入云朵般的发泡鲜奶油。

配方

• 咖啡基底

意式浓缩咖啡40毫升

• 配料

牛奶80～100毫升

冰 冰块1/3杯

• 糖浆

糖渍樱桃10克

• 装饰

发泡鲜奶油1勺（见P21）

樱桃1颗

做法

1 萃取40毫升意式浓缩咖啡。

2 温杯。咖啡杯中倒入热水后再倒出，或使用微波炉加热咖啡杯30秒。

3 在咖啡杯中倒入意式浓缩咖啡，放入糖渍樱桃。

4 将100毫升牛奶加热后倒入咖啡中。

5 在咖啡上放上发泡鲜奶油，再放上樱桃装饰。

1 萃取40毫升意式浓缩咖啡。

2 将糖渍樱桃放入咖啡中。

3 将咖啡倒入咖啡杯中，放入冰块，倒入80毫升冰牛奶。

4 在咖啡上放上发泡鲜奶油，再放上樱桃装饰。

莲花脆饼阿芙佳朵

将意式浓缩咖啡淋在冰淇淋上的甜点称为阿芙佳朵（Affogato）。试着加上莲花脆饼一起吃，无论是蘸咖啡还是溶化的冰淇淋都很好吃。

配方

• **咖啡基底**

意式浓缩咖啡40毫升

• **配料**

香草冰淇淋2球

• **装饰**

莲花脆饼2片

做法

1 萃取40毫升意式浓缩咖啡。

2 在矮杯中放入香草冰淇淋球。

3 将咖啡淋在冰淇淋球上。

4 轻轻将莲花脆饼插在冰淇淋上。

小贴士

用饼干当作汤匙

没有莲花脆饼，也可以用消化饼。利用饼干当汤匙，同时享用冰淇淋和咖啡。

基底 意式浓缩咖啡

冰

甜麦仁咖啡奶昔

充满回忆的零食甜麦仁和咖啡相遇，咖啡、冰淇淋和甜麦仁一起放入搅拌机中，意外的组合令人惊叹。除了是一款让人惊艳的饮品，将甜麦仁高高堆起作装饰，又成了一款漂亮的甜点。瞬间让人仿佛回到了童年，心情马上变好。

配方

- 咖啡基底

意式浓缩咖啡25毫升

- 配料

牛奶100毫升、冰块1/2杯

- 糖浆

香草冰淇淋1½球

甜麦仁1½杯

- 装饰

甜麦仁1/2杯

做法

1. 萃取25毫升意式浓缩咖啡。
2. 在搅拌机中依次放入冰块、冰淇淋、意式浓缩咖啡和牛奶，搅拌均匀。
3. 将食材充分搅匀，冰块打碎。
4. 将甜麦仁放入搅拌机中，继续搅打。
5. 将搅拌好的饮品倒入玻璃杯中，将装饰用的甜麦仁放在饮品上即可。

小贴士

可以用谷物代替甜麦仁

没有甜麦仁也可用家中的其他谷物代替。加上15毫升巧克力糖浆，会更加香甜可口。

基底 意式浓缩咖啡

馥芮白

拿铁相当重视咖啡原本的味道，馥芮白采用比拿铁更浓郁的意式浓缩咖啡和细致平滑的奶泡调制。热饮或冰饮都放入玻璃杯中，是这道饮品的重点。试着享受咖啡和牛奶创造的浓郁口感吧。

注：馥芮白包括小白咖啡、平白咖啡。

配方

• 咖啡基底

意式浓缩咖啡40 ~ 50毫升

• 配料

牛奶130 ~ 150毫升

冰 冰块1/2杯

做法

1 温杯。玻璃杯中倒入热水后再倒出，或使用微波炉加热咖啡杯30秒。

2 萃取40毫升意式浓缩咖啡（直接萃取至预热的玻璃杯中）。

3 将150毫升牛奶用蒸气加热打发。

4 将产生丰富奶泡的温热牛奶倒入咖啡中。

5 再将奶泡舀到咖啡上，注意高度不要超过1厘米。

1 萃取50毫升意式浓缩咖啡。

2 将冰块放入玻璃杯中。

3 将130毫升冰牛奶倒入玻璃杯中。

4 倒入咖啡（也可以直接将咖啡萃取至玻璃杯中）。

基底 意式浓缩咖啡

冰

蓝柑橘海洋拿铁

让人联想到湛蓝海洋的拿铁。添加散发柑橘香气的蓝柑橘糖浆，让双眼和心灵都倍感清凉。在杯子边缘放上游泳圈造型的甜甜圈，不仅美观，和咖啡搭配效果也很好，可以说是一箭双雕。

配方

- 咖啡基底

意式浓缩咖啡40毫升

- 配料

牛奶150毫升、冰块1/2杯

- 糖浆

蓝柑橘糖浆15毫升

- 装饰

甜甜圈1个

做法

1. 萃取40毫升意式浓缩咖啡。
2. 在玻璃杯中放入蓝柑橘糖浆。
3. 在玻璃杯中放入冰块，倒入牛奶，搅拌三四次，打造出自然的渐层色彩。
4. 倒入意式浓缩咖啡。
5. 放上甜甜圈装饰即可。

小贴士

甜甜圈冷冻后再使用

甜甜圈包装后冷冻保存。使用前取出，室温下放置约20分钟后再使用。

基底 意式浓缩咖啡

冰

杏仁咖啡

杏仁的味道和咖啡很配，分别在咖啡基底和发泡鲜奶油中加入杏仁糖浆，创造出甜美又香醇的饮品。整体甜度配合鲜奶油做调整，味道独特。也可以做成榛果口味。

配方

• 咖啡基底

意式浓缩咖啡40毫升

• 配料

牛奶130毫升、冰块1/2杯

• 糖浆

杏仁糖浆5毫升

杏仁鲜奶油1勺（杏仁糖浆10毫升+发泡鲜奶油1勺）

• 装饰

杏仁片或坚果少许

做法

1 萃取40毫升意式浓缩咖啡。

2 在咖啡中放入杏仁糖浆，混合均匀。

3 放入冰块，倒入牛奶，稍混合即可。

4 将杏仁糖浆倒入发泡鲜奶油中，搅打成杏仁鲜奶油。

5 用大汤匙分3次将杏仁鲜奶油舀到咖啡上，层层叠加。

6 撒上杏仁片或坚果即可。

小贴士

强烈推荐使用烤杏仁糖浆

使用焙烤味道浓烈的烤杏仁糖浆，味道会更好。发泡鲜奶油混合糖浆后容易沉淀，建议用搅拌器轻轻搅打均匀。

基底 意式浓缩咖啡

冰

红丝绒拿铁

外观精美，让人忍不住想要先拍照。欣赏奶泡慢慢变成粉红色的过程，别有一番滋味。饮品甜度很高，建议使用低脂牛奶。

配方

• 咖啡基底

意式浓缩咖啡40毫升

• 配料

牛奶180毫升、冰块1/2杯

• 糖浆

红丝绒粉25克

• 装饰

奶泡1勺，红丝绒粉少许

做法

1 萃取40毫升意式浓缩咖啡

2 在咖啡中放入红丝绒粉，搅拌至溶化。

3 在玻璃杯中放入冰块，倒入咖啡。

4 留下少许牛奶，将剩余牛奶慢慢倒入咖啡中。

5 将留下的牛奶打成奶泡后放在咖啡上，表面撒红丝绒粉作装饰。

小贴士

制作用于冰饮的奶泡

添加在冰饮中的奶泡需将牛奶倒入法式滤压壶中，通过上下快速移动滤网打发。如果做拿铁，先将牛奶打成奶泡，倒入牛奶后再叠放上奶泡。

基底 意式浓缩咖啡

热

迷你焦糖牛奶咖啡

专为觉得焦糖玛奇朵太过沉重的人所打造的饮品。在添加焦糖的咖啡基底中倒入牛奶，可以同时感受到甜美和微苦的滋味。牛奶的分量约是意式浓缩咖啡的2倍最佳。

配方

• 咖啡基底
意式浓缩咖啡40毫升

• 配料
牛奶100毫升

• 糖浆
焦糖糖浆15毫升（见P204）

• 装饰
发泡鲜奶油1/2勺（见P21）
小块牛奶糖适量

做法

1 萃取40毫升意式浓缩咖啡。
2 将焦糖糖浆倒入咖啡中。
3 温杯。咖啡杯中倒入热水后再倒出，或使用微波炉加热咖啡杯30秒。
4 在咖啡杯中倒入咖啡，牛奶加热后倒入杯中。
5 将发泡鲜奶油放在咖啡上，再放上小块牛奶糖装饰。

小贴士

牛奶糖预先切好后保存

牛奶糖预先切好，撒上糖粉保存，糖粉可以防止牛奶糖块彼此粘黏。

基底 冰滴咖啡

冰

新奥尔良冰咖啡

菊苣糖浆和咖啡相遇，甜蜜醇厚，味道一绝，是新奥尔良当地的特色咖啡。在美国人气高涨，狂热的追捧者众多。选择冰滴咖啡作为基底，口味更加柔和，调制完成后放入冰箱冷藏熟成1小时后再饮用。

配方

• 咖啡基底

冰滴咖啡50毫升

• 配料

牛奶180毫升、冰块1/2杯

• 糖浆

菊苣糖浆20毫升（见P203）

做法

1. 萃取50毫升冰滴咖啡。
2. 在冰滴咖啡中放入菊苣糖浆，搅拌均匀。
3. 倒入冰牛奶，混合均匀。
4. 将咖啡倒入容器，放入冰箱冷藏熟成1小时以上。
5. 将冰块放入杯中，倒入咖啡即可。

小贴士

菊苣根作为咖啡替代品受到关注

菊苣根拥有特有的苦味，作为咖啡的替代品正受到市场欢迎，可以避免过多咖啡因造成负担。

基底 冰滴咖啡

香草奶泡冰滴

牛奶混合香草糖浆后打成卡布奇诺奶泡，与冰滴咖啡基底调制而成。没有过多甜味，也没有浓郁咖啡味，推荐给对咖啡因敏感的人。

配方

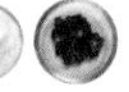

• **咖啡基底**
冰滴咖啡30～40毫升

• **配料**
牛奶150毫升
冰冰块1/2杯

• **糖浆**
香草糖浆20～25毫升
（见P207）

• **装饰**
奶泡1勺、蓝色可食用花适量

做法

1 萃取30毫升冰滴咖啡。
2 温杯。咖啡杯中倒入热水后再倒出，或使用微波炉加热咖啡杯30秒。
3 将冰滴咖啡倒入预热的咖啡杯中。
4 锅中放入牛奶和20毫升香草糖浆，用搅拌器边搅拌边加热。
5 在咖啡中倒入加热的牛奶，再将奶泡铺在咖啡上。
6 用蓝色可食用花点缀即可。

1 萃取40毫升冰滴咖啡。
2 准备细长形的杯子，倒入冰滴咖啡。
3 在牛奶中放入25毫升香草糖浆，混合均匀。
4 将牛奶放入法式滤压壶中，上下快速移动滤网，制作出丰富的奶泡。
5 在咖啡中放入冰块和牛奶，再将奶泡铺在咖啡上。
6 用蓝色可食用花点缀即可。

基底 冰滴咖啡

太妃核果拿铁

以杏仁、核桃和可可豆碎提味，并充满太妃糖香气，这款饮品的人气居高不下。更为喜欢柔和甜味的人特别使用冰滴咖啡调制。如果用冰淇淋代替牛奶，还可以制作成咖啡冰沙冻饮。

配方

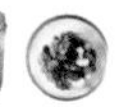

- **咖啡基底**

冰滴咖啡30～40毫升

- **配料**

牛奶170～180毫升
冰 冰块1/2杯

- **糖浆**

太妃核果糖浆15～20毫升

- **装饰**

发泡鲜奶油1勺（见P21）
可可豆碎或综合坚果少许

做法

1 萃取30毫升冰滴咖啡。
2 在咖啡中放入15毫升太妃核果糖浆，混合均匀。
3 温杯。咖啡杯中倒入热水后再倒出，或使用微波炉加热咖啡杯30秒。
4 将170毫升牛奶充分加热。
5 在预热的咖啡杯中倒入咖啡和热牛奶。
6 放上发泡鲜奶油，用可可豆碎或切碎的综合坚果装饰。

1 萃取40毫升冰滴咖啡。
2 在咖啡中放入20毫升太妃核果糖浆，混合均匀。
3 将180毫升冰牛奶倒入咖啡中。
4 将冰块放入杯中，倒入咖啡。
5 放上发泡鲜奶油，用可可豆碎或切碎的综合坚果装饰。

咖啡汤力

将咖啡倒入汤力水、气泡水或气泡饮料中，如鸡尾酒般的咖啡饮品，适合在盛夏享用。如果无法想象带气泡的咖啡是什么滋味，一定要制作一次尝一尝。

配方

• 咖啡基底

冰滴咖啡50毫升

• 配料

气泡饮料180毫升
冰块1/2杯

做法

1 将气泡饮料充分冰镇后备用。
2 萃取50毫升冰滴咖啡。
3 将冰块放入咖啡杯中。
4 将冰镇气泡饮料倒入杯中，再倒入冰滴咖啡即可。

小贴士

依个人喜好添加榛果糖浆

如果想要加入一点儿甜味，建议倒入10毫升榛果糖浆，品味甜蜜又香醇的滋味。

基底 冰滴咖啡

冰

葡萄柚咖啡汤力

咖啡汤力与葡萄柚一起饮用的饮品，若额外加入糖渍葡萄柚，风味更佳。推荐给想喝咖啡，也想喝葡萄柚气泡饮料的人，酸甜微苦的滋味和咖啡十分契合。

配方

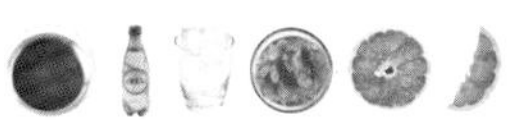

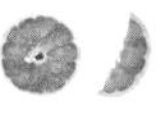

- **咖啡基底**

冰滴咖啡40毫升

- **配料**

气泡水180毫升、冰块1杯

- **糖浆**

糖渍葡萄柚30克（见P213）
葡萄柚果肉2瓣

- **装饰**

葡萄柚切片1片

做法

1 萃取40毫升冰滴咖啡。
2 在杯中放入糖渍葡萄柚。
3 将葡萄柚果肉捣碎后放入杯中，混合均匀。
4 在杯中填满冰块，倒入气泡水。
5 倒入冰滴咖啡。
6 放入葡萄柚切片装饰。

小贴士

尝试变换水果种类

试着用咖啡汤力为基底，调制各种汤力饮品。蓝莓、柠檬、柳橙等水果都可以代替葡萄柚，蓝莓咖啡汤力也是非常受欢迎的饮品。

基底 冰滴咖啡

冰

薄荷拿铁

咖啡中放入薄荷，让人联想到翠绿的树林。如同薄荷巧克力一样，薄荷咖啡也受到不少人喜爱。更重要的是，咖啡、薄荷和牛奶3种颜色的搭配相当抢眼，试着调制一杯极具个性的咖啡吧。

配方

• 咖啡基底

冰滴咖啡40毫升

• 配料

牛奶180毫升、冰块1/2杯

• 糖浆

薄荷糖浆20毫升

• 装饰

香草少许

做法

1 萃取40毫升冰滴咖啡。

2 将薄荷糖浆倒入杯中。

3 杯中放入冰块，倒入牛奶。

4 稍微搅拌牛奶至颜色出现渐层效果。

5 在牛奶中倒入冰滴咖啡，制作出最后一层。

6 将香草放在咖啡上即可。

小贴士

用薄荷制作出天然色彩

如果觉得薄荷糖浆的人工色彩太明显，可以尝试使用薄荷。将一把薄荷和10克白砂糖混合均匀即可。

基底 冰滴咖啡

冰

香蕉拿铁

酸味较淡、口味柔和、饱腹感强，这款饮品经常被用作代餐。插上口径较粗的吸管，连同香蕉果肉一同喝下，也可以加入冰块，打碎后制成奶昔。

配方

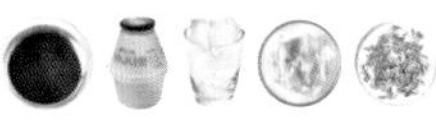

• 咖啡基底

冰滴咖啡40毫升

• 配料

香蕉牛奶160毫升、冰块1/2杯

• 糖浆

糖渍香蕉30克

• 装饰

香草（茉莉叶或百里香）1枝

做法

1 萃取40毫升冰滴咖啡。

2 将糖渍香蕉放入香蕉牛奶中，搅拌均匀。

3 将冰块放入咖啡杯中，倒入香蕉牛奶。

4 倒入冰滴咖啡。

5 放上香草即可。

小贴士

冷藏保存糖渍香蕉

香蕉和糖渍香蕉容易褐变，香蕉放在室温下可保存三四天，糖渍香蕉必须冷藏保存。

基底 冰滴咖啡

冰

水蜜桃红茶咖啡

用水蜜桃红茶代替糖浆，用冰滴咖啡调制而成。水蜜桃的香气和咖啡相得益彰，是一款如同水果茶一样的咖啡，适合不太能喝咖啡的入门者。

配方

• 咖啡基底

冰滴咖啡50毫升

• 其他基底

水蜜桃红茶包1包

• 配料

饮用水200毫升、冰块1杯

• 糖浆

白砂糖10克

• 装饰

水蜜桃2～3块
香草少许

做法

1 萃取50毫升冰滴咖啡。
2 在饮用水中放入水蜜桃红茶包，冷泡1小时，备用。
3 将白砂糖放入冰滴咖啡中，充分溶化。
4 将冷泡水蜜桃红茶倒入咖啡杯中，再倒入咖啡，搅拌均匀。
5 放入水蜜桃块和冰块。
6 用香草作装饰即可。

小贴士

可以使用花草茶包代替

如果对咖啡因较敏感，可以用水蜜桃或杏味的花草茶包代替。尝试红茶与咖啡、花草茶与咖啡的不同组合。

基底 冰滴咖啡

冰

枳椇子蜂蜜咖啡

饮酒后的第二天喉咙总是特别干渴，很想喝咖啡，又担心伤胃，这时特别推荐这款饮品。柔和的冰滴咖啡加上枳椇子茶调制而成，能消除口渴，迅速补充水分。

配方

• 咖啡基底

冰滴咖啡40毫升

• 配料

枳椇子茶包1包、冰块1杯

• 糖浆

蜂蜜20毫升

• 装饰

迷迭香1枝

做法

1 萃取40毫升冰滴咖啡。

2 在150毫升热水中放入枳椇子茶包，浸泡5分钟。

3 用冰块填满咖啡杯，放入枳椇子茶和蜂蜜，搅拌均匀。

4 倒入冰滴咖啡，用迷迭香装饰。

5 可以依个人喜好再放入10毫升蜂蜜。

小贴士

加入枳椇子原液也很好喝

若觉得用枳椇子茶包泡茶太麻烦，也可以购买枳椇子原液，直接加入到饮品中，原液只要1滴即可。

风味

经典茶熏香制成的调味茶备受欢迎。
混合多种茶创造出新的香味，
如伯爵茶加上焦糖香或莓果香、玫瑰香，
果香和花香味道隐约又自然，比强烈浓郁的香气更胜一筹。

颜色

创意茶饮的色彩原以红色和棕色为主，
随着绿茶的广泛使用，绿色逐渐登场。
红茶或花草茶通过添加水果或花卉，
呈现出饮品的分量感。

口感

尽可能减少茶叶中单宁的苦涩味，
表现出原本个性的饮品开始大受欢迎。
用牛奶或豆奶增加饱腹感的同时，口味也更加柔和。
从单纯的1杯饮料，摇身变成疗愈的茶饮。

茶、花草茶

SIGNATURE
TEA & HERB-TEA

咖啡馆招牌饮品的流行风潮中，绝对少不了茶和花草茶。
以绿茶、红茶和花草茶为基底，变化出的各种创意茶饮，
人气正在逐渐上升。添加水果或糖浆后，风味更上一层楼。
将花卉、水果、香草等活用，
让饮品在视觉上也更显华丽。

基底

茶和花草茶的基底多为绿茶、红茶和花草茶。虽然颗粒细密的抹茶和CTC红茶经常被使用，但是为了茶饮更具茶味和茶香，如今原叶茶开始广泛应用。近些年以色彩丰富的花草茶为基底的招牌饮品逐渐受到欢迎。

基底

绿茶

绿茶味道清爽，口味清香又柔和。“雨前”或“雀舌”这类高级绿茶建议直接饮用，作为基底建议使用抹茶或调味绿茶。粉状绿茶分为一般绿茶粉和抹茶两种，一般绿茶粉是使用炒菁制成的绿茶磨成的粉，抹茶则是遮光栽培的绿茶蒸菁干燥后研磨成的细致粉末。

⊕ 水

使用一节手指分量的原叶茶，就能充分感受到绿茶特有的香气与柔和滋味。水也很重要，建议使用软水，时间、水量和温度要特别留意。

红茶

根据红茶粉碎形态的不同，可分为原叶红茶和CTC红茶两种。不同于切碎的原叶红茶，CTC红茶是将茶叶碾碎、撕裂、卷起。原叶红茶香气柔和，适合直接饮用，CTC红茶适合用于短时间冲泡，制作茶包或创意茶饮。

⊕ 牛奶

CTC红茶和抹茶一样，个性鲜明，颜色浓重。叶片越小，浸泡到的面积就越大，茶香就更能渗入牛奶中。建议使用脂肪含量高、口味香醇的牛奶。

花草茶

无须另外调味，香气和口味非常多元，广泛应用于饮品中，例如色彩鲜红的洛神花茶、遇到柠檬等酸性成分就会散发粉红色的玫瑰花茶、香气清新的柠檬香蜂草茶等，都是具有代表性的花草茶基底。花草茶具有药性，建议轮流饮用各种花草茶，不要长期服用一种。

⊕ 气泡水

花草茶颜色众多，能够呈现华丽的视觉效果，特别适合作为夏季饮品。色彩美丽且没有单宁，加上气泡水，感觉像是气泡饮品。

萃取

冲泡茶饮基底时，基准会随着茶叶类型而改变。绿茶、红茶和花草茶除了各自的水温、时间和用量不同，茶叶粉碎程度不同，萃取方法也会随之改变。茶不像咖啡那样口味强烈，冲泡时需多留意。

原叶绿茶

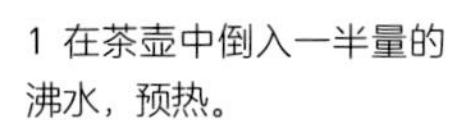

1 在茶壶中倒入一半量的沸水，预热。

2 在预热的茶壶中放入3克原叶绿茶。

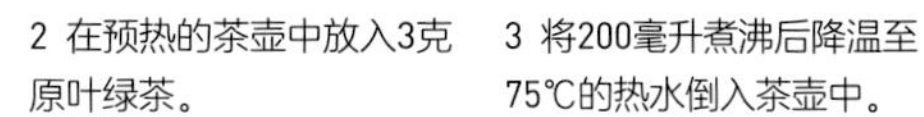

3 将200毫升煮沸后降温至75℃的热水倒入茶壶中。

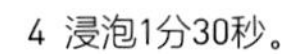

4 浸泡1分30秒。

5 过滤出茶汤。

冲泡原叶绿茶时，水温会对味道有重大影响。一般会将水温降至75℃，大约是沸水反复倒入其他杯子或茶壶中三四次后的温度。水温若太高，会萃取出茶叶中的苦味，因此要严格控制温度。使用原叶绿茶制作茶饮基底时，浓度要比直接饮用时高，所以要增加浸泡时间或茶叶用量。根据茶叶品质不同，可以用200毫升的水多冲泡两三次。

抹茶

1 在容器中倒入一半量的沸水，预热。

2 用热水润湿搅拌抹茶用的茶筅。

3 在预热的容器中放入3克抹茶。

4 加入2小勺热水，用茶筅慢慢刷开抹茶。

5 倒入50~60毫升沸水。

6 以写“M”字母的方式，将抹茶混合均匀。

使用抹茶制作饮品基底时要确认原产地。加水冲泡时，选择遮光栽培的抹茶较好，不推荐使用磨成粉的绿茶。预先制作的茶汤容易变色，所以需要即冲即用。制作添加白砂糖的抹茶基底时，预先将白砂糖和抹茶混合均匀，加水冲泡后就能做出类似抹茶糖浆的效果。

原叶红茶

1 在茶壶中倒入一半量的沸水，预热。

2 在预热的茶壶中放入3克红茶。

3 将300毫升煮沸后降温至90℃的热水倒入茶壶中。

4 叶片较大的红茶浸泡3分钟，叶片较碎的红茶浸泡2分钟。

5 用滤网过滤出茶汤。

冲泡原叶红茶最美味的方式被称为“黄金法则”，其核心是“333”，意思就是3克红茶在300毫升水中浸泡3分钟。一定要先预热茶具后再泡茶，这样才能维持泡茶水的温度，茶才能好喝。遵守“黄金法则”冲泡的红茶适合调制温暖的红茶饮品。原叶红茶可以使用300毫升的水冲泡第二次。

冷泡红茶

1 准备有瓶盖的容器。

2 倒入500毫升饮用水。

3 放入5克红茶。

4 拧紧瓶盖，放入冰箱冷泡8～12小时。

5 从冰箱取出后将茶摇晃均匀。

6 用滤网过滤出茶汤。

红茶中含有大量单宁成分，如果不熟悉这种味道，喝红茶时可能会觉得舌头被紧紧抓住。可以试试冷泡红茶，冷泡产生的单宁成分较少，可以轻松享受红茶。尤其是使用冷泡红茶调制的冰茶，柔和的口感和香气令人叫绝。最适当的冷泡时间为8～12小时，如果冷泡三四天，口味就会产生变化。

花草茶

1 在茶壶中倒入一半量的沸水，预热。

2 在预热的茶壶中放入2克花草茶。

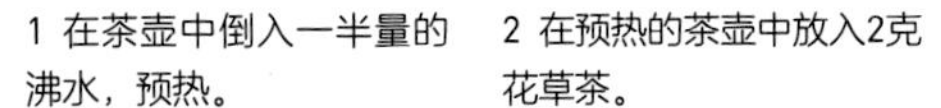

3 将300毫升煮沸后降温至90℃的热水倒入茶壶中。

4 根据叶片大小，浸泡4～7分钟。

5 用滤网过滤出茶汤。

所有的花草茶冲泡一次后，就会将有效成分全部萃取出来，因此不用冲泡第二次。选用多种花草茶，比固定饮用单一品种要好，建议一次使用3克左右，一天6克左右。冲泡时间要随花草茶叶片大小调整，叶片较碎的约浸泡4分钟，叶片完整的约7分钟，合适的水温为90℃。

变化：基底+牛奶

创意茶类饮品层出不穷，茶和牛奶的结合，现在也成为像拿铁般的流行饮品。不仅是红茶，由绿茶或花草茶组成的各种茶拿铁饮品也陆续上市。下面介绍牛奶的调配比例，以便调制出美味又不失茶本味的茶拿铁。

○绿茶拿铁（绿茶：牛奶=1：50）

绿茶拿铁使用遮光栽培绿茶研磨成的抹茶，放入牛奶冲泡后使用。本书主要选用济州岛有机抹茶。其他添加了烘焙用绿藻粉的抹茶虽然颜色较浓郁，但绿茶特有的口感稍被破坏。以抹茶为基底的饮品经过一段时间后粉末会沉淀，饮用时需充分搅拌。

○红茶拿铁（奶茶）（红茶：牛奶=1：30）

调制红茶拿铁时，使用切细的原叶红茶作为基底，比大叶片的红茶更合适。红茶等级若为BOPF级，则适合制作奶茶。牛奶可以隐去红茶中的单宁成分，因此冲泡红茶拿铁的基底时，浸泡时间要延长2倍以上，这样才能调制出足以感受到茶香的饮品。

○香料茶拿铁（红茶：牛奶=1：25）

香料茶拿铁是稍特别的红茶拿铁，它是在奶茶中添加香辛料后调制而成的饮品。红茶用量包含香辛料在内，主要使用肉桂、丁香等，在韩国较少使用小茴香、大茴香和孜然等。使用熬煮的方式比浸泡更适合，热饮比冷饮更为经典。

○花草茶拿铁（花草茶：牛奶=1：50）

使用花草茶调制的奶茶大量上市，奶茶如今更加多元化。花草茶比红茶或绿茶更丰富，因此口味和香气也更加多样。薰衣草或薄荷与牛奶搭配十分合适，但也有不适合搭配的花草茶，尤其是酸度强烈的洛神花茶，会分离牛奶中的蛋白质，最好避免和牛奶一起调制。

基底 绿茶

红豆抹茶欧蕾

用蜜红豆代替白砂糖的抹茶饮品，任何季节都能享用，冰饮的滋味如同绿茶刨冰，热饮则有如绿茶风味的红豆甜汤。蜜红豆建议使用甜度低、红豆香气浓郁的整粒蜜红豆。

配方

• 茶基底

抹茶4克、白砂糖8克、
热水20毫升

• 配料

牛奶200毫升
冰 冰块1/3杯

• 糖浆

蜜红豆20～25克

• 装饰

热 发泡鲜奶油1勺（见P21）
蜜红豆少许

做法

1 将抹茶和白砂糖混合均匀。
2 倒入20毫升80℃的热水，调匀成抹茶糖浆。
3 放入20克蜜红豆，再次搅拌均匀。
4 将牛奶充分加热后倒入杯中。
5 放上发泡鲜奶油，再放上少许蜜红豆即可。

1 将抹茶和白砂糖混合均匀。
2 倒入20毫升80℃的热水，调匀成抹茶糖浆。
3 将抹茶糖浆倒入牛奶中，混合均匀。
4 在杯子中放入25克蜜红豆和冰块。
5 将牛奶倒在冰块上，饮用前搅拌均匀。

基底 绿茶

冰

漂浮抹茶

将阻绝光线栽培的绿茶研磨成细粉，称为抹茶。抹茶和牛奶混合成抹茶牛奶，上面放一个冰淇淋球，就做成了浓郁的漂浮抹茶，随着冰淇淋逐渐化开，口感会变得更加香甜。

配方

• 茶基底

抹茶6克、白砂糖10克、热水30毫升

• 配料

牛奶220毫升、冰块1/2杯

• 糖浆

香草冰淇淋球1个

• 装饰

抹茶粉少许

做法

1 将抹茶和白砂糖混合均匀。

2 倒入80℃的热水，调匀成抹茶糖浆。

3 将抹茶糖浆倒入牛奶中，混合均匀。

4 将冰块放入杯中，倒入牛奶。

5 放上香草冰淇淋球，撒上抹茶粉即可。

小贴士

抹茶冰淇淋搭配白巧克力也不错

将香草冰淇淋换成抹茶冰淇淋，再用白巧克力代替抹茶粉作装饰，这样的漂浮抹茶也很吸引眼球。

基底 绿茶

热

柚子福吉茶

日本京都知名的焙茶，用大火焙炒而成。是焙炒等级比优质绿茶低一级的粗茶。泡一杯热热的福吉茶，混合酸酸甜甜的柚子蜜，就成了富有田园风味的魅力茶饮。

配方

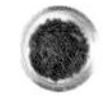

· 茶基底

焙茶2克、热水180毫升

· 糖浆

柚子蜜20克

· 装饰

柚子蜜果皮少许

做法

1 温壶。在茶壶中倒入热水后再倒出，或用微波炉加热30秒。

2 在茶壶中放入焙茶，倒入80℃的热水，浸泡3分钟。

3 将柚子蜜放入预热好的茶杯中。

4 将泡好的焙茶倒入杯中，搅拌均匀。

5 放上柚子蜜果皮装饰即可。

小贴士

使用绿茶制作焙茶

如果家中没有焙茶，可以将绿茶放入平底锅中，焙炒至褐色后使用。焙茶是短时间加热而成，务必要注意温度。

基底 绿茶

冰

猕猴桃抹茶冰沙

用男女老少都喜爱的猕猴桃和绿茶调制而成的饮品。茶的单宁成分让饮品变得轻盈，带来与众不同的感受。用猕猴桃制作饮品时，建议选用甜度较高的品种。

配方

• 茶基底

抹茶3克、白砂糖15克

• 配料

饮用水100毫升

冰块1/2杯（制作冰沙）

冰块1/3杯

• 糖浆

猕猴桃2个

• 装饰

猕猴桃片1片

做法

1 将抹茶和白砂糖混合均匀。

2 猕猴桃去皮，备用。

3 在搅拌机中放入饮用水、1/2杯冰块和猕猴桃，低速搅拌。

4 放入抹茶砂糖后继续搅拌至猕猴桃被均匀打碎。

5 将冰块放入杯中，倒入猕猴桃汁。

6 放上猕猴桃片装饰即可。

小贴士

猕猴桃加入牛奶或酸奶也很美味

可以用牛奶或原味酸奶代替饮用水。添加牛奶后饮品的口味更柔和，加入酸奶则变得酸甜可口。

基底 绿茶

冰

麝香葡萄绿茶

麝香葡萄受人喜爱，比一般葡萄更甜，有独特的香气，因此被做成多种饮品。只要一杯清爽的麝香葡萄绿茶，就能让暑气全消。

配方

• 茶基底

麝香葡萄绿茶包1包、
热水50毫升

• 配料

原味气泡水180毫升
冰块1杯

• 糖浆

玫瑰糖浆30毫升（见P208）

做法

1 在80℃热水中放入麝香葡萄绿茶包，浸泡3分钟。
2 将泡好的绿茶放入冰箱冷却。
3 在杯中倒入玫瑰糖浆。
4 杯中放入冰块，倒入原味气泡水。
5 从冰箱中取出冷却的绿茶，倒入杯中即可。

小贴士

茉莉糖浆也很合适

果香和花香的搭配永远都让人心情愉悦，如果没有玫瑰糖浆，改用茉莉糖浆也很合适。

基底 绿茶

冰

葡萄柚茉莉绿茶

茉莉绿茶搭配葡萄柚味道一绝。茉莉绿茶就算事先冲泡好，香味也不会立即消散，很适合制作瓶装饮料。在绿茶中放入糖渍葡萄柚和新鲜葡萄柚，和冰块同饮，堪称是最清凉的饮品。

配方

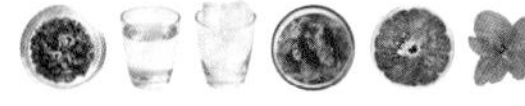

• **茶基底**
茉莉绿茶4克、热水150毫升

• **配料**
冰块1杯

• **糖浆**
糖渍葡萄柚30克（见P213）

• **装饰**
葡萄柚片1/2片
薄荷类香草少许

做法

1. 在80℃热水中放入茉莉绿茶，浸泡3分钟。
2. 在杯子中放入糖渍葡萄柚，充分捣碎。
3. 在杯中填满冰块，倒入冲泡好的茉莉绿茶，冰镇冷却。
4. 放上葡萄柚片。
5. 放上薄荷类香草装饰。

小贴士

茉莉绿茶的选择

选择以手工卷制茶叶尖端的珍珠绿茶，要比使用茉莉花调味的绿茶好。因为珍珠绿茶和茉莉花瓣混合，叶子分散在花中，使珍珠绿茶更具茉莉花的香气。

基底 绿茶

冰

抹茶饼干冰淇淋

将抹茶淋在冰淇淋上面，再配上抹茶巧克力包裹的酥脆饼干，犹如享用圣代一样。各种巧克力饼干和冰淇淋也能搭配使用。

配方

  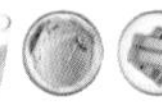 

• 茶基底

抹茶5克、白砂糖18克、热水30毫升

• 配料

牛奶200毫升

• 糖浆

抹茶冰淇淋球2个

• 装饰

抹茶巧克力饼干4块、草莓2颗、薄荷类香草少许

做法

1. 将抹茶和白砂糖混合均匀。
2. 倒入80℃热水，调匀成抹茶糖浆。
3. 将抹茶糖浆倒入牛奶中，混合均匀。
4. 在杯子中放入抹茶冰淇淋球，用抹茶巧克力饼干、草莓和薄荷类香草装饰。
5. 倒入牛奶，一同享用饼干和冰淇淋。

小贴士

利用水果作点缀，给视觉加分

除了点心或饼干，利用水果点缀也能给视觉加分。草莓、猕猴桃、樱桃、绿葡萄等水果都很合适。

意式咖啡奶茶

用浓郁的红茶调制奶茶，加入意式浓缩咖啡一起享用的饮品。红茶的单宁和咖啡结合，带出独特的香气与口感，推荐给觉得奶茶稍微单调的人。奶茶可以使用英式早餐茶或伯爵奶茶。

配方

• 茶基底

英式早餐红茶包1包
意式浓缩咖啡40毫升

• 配料

牛奶300毫升、冰块1/2杯

• 糖浆

红茶糖浆35毫升（见P202）

做法

1 在30毫升90℃的热水中放入茶包，浸泡5分钟。
2 倒入冰牛奶，茶包挤干水分后取出。
3 将红茶糖浆倒入茶水中，混合均匀。
4 萃取40毫升意式浓缩咖啡。
5 将冰块放入杯中，先倒入茶水，再倒入意式浓缩咖啡即可。

小贴士

用黑咖啡代替意式浓缩咖啡

如果没有意式浓缩咖啡机，可以在40毫升热水中放入4克即溶黑咖啡，溶化后使用。如果用手冲咖啡或冰滴咖啡调制，饮品口味可能会太淡，需要注意。

基底 红茶

冰

黑糖阿萨姆

浓郁的阿萨姆红茶冲泡后，再用黑糖补足甜味的饮品。最开始你可能会对这种甜味感到惊讶，多喝几次后，就会觉得比添加糖浆的美式咖啡更加香甜甘润。

配方

• 茶基底

阿萨姆红茶5克

热水200毫升

• 配料

冰块1杯

• 糖浆

黑糖15克

• 装饰

薄荷类香草少许

做法

1 在90℃的热水中放入阿萨姆红茶，浸泡3分钟。

2 在冲泡完成的红茶中放入黑糖，搅拌至完全溶化。

3 用冰块填满杯子，将红茶过滤后倒入杯中，冷却。

4 用薄荷类香草装饰即可。

小贴士

想要红茶口感浓郁，就使用阿萨姆CTC红茶

可以尝试调整红茶的浓度来制作饮品。想要更浓郁的口感，就使用阿萨姆CTC红茶；想要口感柔和，就使用原叶阿萨姆红茶。使用原叶时，冲泡时间应延长至5分钟。

基底 红茶

冰

柠檬气泡红茶冰饮

冰红茶和柠檬气泡水各一半，混合调制而成的饮品。气泡越丰富，越能体现出茶的个性，因此气泡水需要先冰镇再使用。柠檬气泡饮和冰红茶依次放入杯中，才会层次分明。

配方

• 茶基底

红茶3克、饮用水150毫升

• 配料

气泡水100毫升、冰块1/2杯

• 糖浆

柠檬1/4个、柠檬糖浆20克（见P210）

• 装饰

柠檬片1片、薄荷类香草少许

做法

1. 在饮用水中放入红茶，密封后放入冰箱冷泡12小时。
2. 将柠檬糖浆和柠檬混合榨成汁后倒入气泡水中，调制成柠檬气泡饮。
3. 将冰块放入杯中。
4. 将柠檬气泡饮倒入冰块中，至冰块一半的高度。
5. 将冷泡红茶过滤后倒入杯中。
6. 用柠檬片和薄荷类香草装饰。

小贴士

可以用青柠代替柠檬

用青柠代替柠檬，也可以调制出清凉感出众的饮品，柠檬糖浆的用量不变。

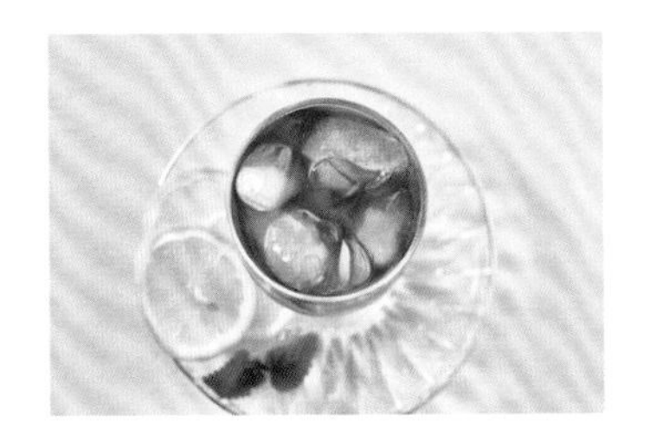

基底 红茶

黑奶茶

使用浓郁的红茶糖浆调制成色泽黝黑的奶茶。利用市场上出售的粉末或糖浆，可以减少冲泡或制作冷泡红茶的功夫。想要制作出口味浓郁的奶茶，就要选择阿萨姆CTC茶包。

配方

• 茶基底

锡兰红茶包1包
热水30毫升

• 配料

牛奶200毫升
冰 冰块1/2杯

• 糖浆

红茶糖浆25～35毫升
（见P202）

做法

1 温壶和温杯。在茶壶和茶杯中倒入热水再倒出，或用微波炉加热30秒。
2 在预热的茶壶中放入茶包，倒入热水，浸泡5分钟。
3 取出茶包，放入25毫升红茶糖浆，混合均匀。
4 将牛奶加热后倒入红茶中，搅拌均匀。

1 在热水中放入茶包，浸泡5分钟。
2 倒入冰牛奶。
3 利用2个汤匙挤干茶包的水分后将其取出。
4 放入35毫升红茶糖浆，混合均匀。
5 将冰块放入杯中，倒入奶茶即可。

AHMAD TEA
Raspberry
Indulgence

基底 红茶

玫瑰荔枝红茶

身边如果有多种红茶，就可以享受混搭的乐趣。将玫瑰红茶和覆盆子红茶混合，并以香甜的荔枝衬托，心情就好似在品尝甜点大师皮埃尔·埃尔梅（Pierre Hermé）制作的伊斯帕罕马卡龙一样愉悦。搭配甜蜜的马卡龙享用更好。

注：法国甜点大师皮埃尔·埃尔梅最知名的甜点。桃红色的玫瑰马卡龙中间夹着玫瑰荔枝甘纳许，加上新鲜荔枝和覆盆子，轻盈的花香、清甜的荔枝和覆盆子的果酸，组合成皮埃尔·埃尔梅的招牌美味。

配方

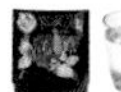

• 茶基底

覆盆子红茶包和
玫瑰红茶包各1包
热水300毫升

• 糖浆

荔枝糖浆10毫升

做法

1. 温壶和温杯。在茶壶和茶杯中倒入热水再倒出，或用微波炉加热30秒。
2. 在预热的茶壶中放入覆盆子红茶包和玫瑰红茶包，倒入90℃的热水，浸泡1分钟。
3. 将荔枝糖浆倒入预热的茶杯中。
4. 将红茶倒入茶杯中，混合均匀。

小贴士

加入牛奶调制成奶茶

用牛奶浸泡红茶，调制成奶茶也很美味。制作奶茶时要多放3克阿萨姆红茶和10克白砂糖，味道会更有深度和更加香甜。

基底 红茶

茉莉玫瑰奶茶

以茉莉花调制而成的奶茶会是什么滋味呢？混合茉莉红茶与玫瑰红茶，打造犹如香水般的奶茶，以奢华的花香弥补经典奶茶的单调。如果没有玫瑰红茶，可以改用10毫升玫瑰糖浆，并增加阿萨姆红茶的用量，同时减少5克白砂糖。

配方

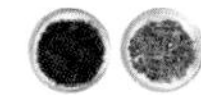

• 茶基底

茉莉红茶4克
玫瑰红茶2克
阿萨姆红茶3克
牛奶250毫升

• 配料

热 饮用水50毫升
冰 冰块1杯

• 糖浆

白砂糖18～20克

• 装饰

热 发泡鲜奶油1大勺
（见P21）

做法

1 将牛奶和饮用水倒入锅中。
2 将牛奶和水加热至沸腾。
3 关火后放入茉莉红茶、玫瑰红茶和阿萨姆红茶。
4 放入18克白砂糖，浸泡3分钟后用滤网过滤。
5 温壶和温杯。在茶壶和茶杯中倒入热水再倒出，或用微波炉加热30秒。
6 在预热的茶杯中倒入奶茶，放上发泡鲜奶油。

1 将牛奶倒入锅中。
2 将牛奶煮沸。
3 关火后放入茉莉红茶、玫瑰红茶和阿萨姆红茶。
4 放入20克白砂糖，浸泡3分钟后用滤网过滤。
5 将奶茶倒入杯中，放入冰块。

基底 红茶

香料奶茶

红茶加入印度综合香料调制而成的奶茶，是咖啡店冬季时的人气饮品之一。若不方便准备香辛料，可以直接使用已经加入印度综合香料的调味红茶。香料奶茶趁热喝，比冷泡更美味。

配方

• **茶基底**

印度香料红茶7克

牛奶300毫升

饮用水50毫升

• **糖浆**

白砂糖18克

• **装饰**

发泡鲜奶油1勺（见P21）

做法

1 将牛奶和饮用水倒入锅中。

2 放入白砂糖后，将锅放到火上，加热至将要沸腾。

3 放入印度香料红茶，小火煮3分钟。

4 温壶。在茶壶中倒入热水再倒出，或用微波炉加热30秒。

5 关火后用滤网将红茶过滤至预热的茶壶中。

6 放上发泡鲜奶油即可。

小贴士

香料奶茶和姜一起煮也很好喝

如果觉得香辛料和牛奶的组合有点难接受，可以试着加入一块生姜熬煮。姜和香料奶茶搭配很合适，如此一来就能轻松享用了。

基底 花草茶

冰

茴香薄荷冰茶

小茴香不适合单独调制成茶饮，如果混搭其他香草茶或水果，它独特的气味较容易被接受。花草茶冲泡一次就能将大部分有效成分举取出来，因此不用反复冲泡。

配方

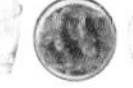

· 花草茶基底

小茴香、薄荷各1.5克
热水200毫升

· 配料

冰块1杯

· 糖浆

糖渍葡萄柚20克（见P213）

· 装饰

干柠檬片1片
迷迭香少许

做法

1. 在90℃的热水中放入小茴香和薄荷，浸泡5分钟后用滤网过滤。
2. 将糖渍葡萄柚放入杯中。
3. 用冰块将杯子填满，倒入花草茶。
4. 放入干柠檬片，用迷迭香装饰。

小贴士

原叶花草茶1.5克=茶包1包

花草茶由轻盈的叶片构成，1.5克原叶花草茶和大部分1包茶包的重量相等，如果没有原叶花草茶，可以用茶包代替。

Meßmer
Wintertraum
Ziehzeit: 6 Minuten

基底 花草茶

冬季香料热果茶

将适合夏天的水果潘趣改为热饮。水果用白砂糖腌渍后，和香料调味茶一起熬煮，是非常适合圣诞派对或年末聚会的暖心饮品。别忘了把一根肉桂丢进茶壶里，会更加出众。

配方

- **花草茶基底**

冬季香料果茶包1包
热水300毫升

- **糖浆**

糖渍水果或糖渍综合莓果50克（见P213）

- **装饰**

肉桂1根、百里香2枝

做法

1. 将热水和冬季香料果茶包放入锅中加热。
2. 制作糖渍水果（用白砂糖腌渍柑橘类或莓果类，至白砂糖完全溶化）。
3. 当水果茶加热到沸腾时，放入糖渍水果，熬煮至完全沸腾。
4. 温壶。在茶壶中倒入热水再倒出，或用微波炉加热30秒。
5. 将水果茶倒入预热的茶壶中，放入肉桂。
6. 用百里香或干柠檬、葡萄柚、柳橙等果干装饰。

小贴士

制作糖渍水果

糖渍水果可以当作糖浆使用。水果切成薄片后，放入白砂糖腌渍，室温下当白砂糖完全溶化后，即可使用。

基底 花草茶

冰

杏桃漂浮气泡饮

一款让人想起小时候喝的冰淇淋苏打滋味的饮品。蓝柑橘糖浆散发出蓝色的光芒，再加上冰淇淋，光是用眼睛看，就让人通体舒畅。如果想要让口味更加香甜，可以用气泡饮料代替气泡水。

配方

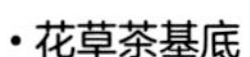

• 花草茶基底

杏桃花草茶包1包
热水40毫升

• 配料

气泡水180毫升、冰块2/3杯

• 糖浆

白砂糖10克
蓝柑橘糖浆10毫升
香草冰淇淋球1个

• 装饰

糖珠少许

做法

1 在90℃的热水中放入杏桃花草茶包，浸泡5分钟。
2 在冲泡好的花草茶中放入白砂糖，搅拌至白砂糖完全溶化。
3 将蓝柑橘糖浆放入茶杯中。
4 用冰块将茶杯填至7分满，倒入花草茶和气泡水。
5 将香草冰淇淋球放在饮品上。
6 用色彩斑斓的糖珠装饰。

小贴士

选择宽大些的杯子

将冰淇淋球压到气泡水下，会产生大量气泡，建议选择尺寸宽大些的杯子来盛装饮品。

基底 花草茶

冰

极光冰饮

会变换色彩的魔法花草茶。蓝锦葵用不同水温的水浸泡，会呈现不同颜色的视觉效果，如果加入柠檬就会变成粉紫色。饮用前倒入含有柠檬汁的糖浆，慢慢欣赏其颜色变化的过程。

配方

• 花草茶基底

蓝锦葵1.5克
饮用水200毫升

• 配料

冰块1/2杯

• 糖浆

柠檬汁10毫升
柠檬糖浆20毫升（见P210）

做法

1. 在饮用水中放入蓝锦葵，浸泡3分钟。
2. 将冰块放入杯中，倒入花草茶。
3. 将柠檬汁和柠檬糖浆放入小瓶中，混合均匀。
4. 饮用前，将柠檬糖浆慢慢倒入花草茶中，欣赏颜色变化。
5. 颜色完全转变后，搅拌均匀即可饮用。

小贴士

冰水或热水浸泡均可

蓝锦葵用热水和冰水浸泡，所呈现出的颜色会有所不同，热水浸泡会呈现紫色，冰水浸泡会呈现蓝色。

基底 花草茶

可可豆奶茶

使用豆奶代替牛奶调制的花草茶。将散发巧克力香气的茶放入豆奶中充分熬煮，甜美的可可香气魅力十足，让人几乎忘了豆奶的存在。如果使用加糖豆奶，可以不用额外加糖。想要味道更加香甜，可以加入10毫升巧克力糖浆。

配方

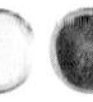

- **花草茶基底**

可可豆棉花糖茶5克
豆奶200毫升

- **配料**

冰 冰块1/2杯

- **糖浆**

白砂糖12～15克
冰 巧克力糖浆10毫升
（见P209）

- **装饰**

热 可可豆棉花糖茶少许
冰 棉花糖3～4块

做法

1 将豆奶倒入锅中煮沸。
2 关火后放入可可豆棉花糖茶，浸泡5分钟。
3 温杯。在茶杯中倒入热水后再倒出，或用微波炉加热30秒。
4 再用小火加热豆奶1分钟，加入12克白砂糖至完全溶化后，将豆奶倒入预热的茶杯中。
5 放可可豆棉花糖茶装饰。

1 在一个密封容器中放入豆奶、15克白砂糖和可可豆棉花糖茶。
2 放入冰箱冷泡12小时。
3 将冰块放入杯中，倒入冷泡好的茶和巧克力糖浆。
4 用喷枪略炙烤棉花糖（如果没有喷枪，可用夹子夹住棉花糖，放在火上略烤）。
5 将棉花糖放在茶上即可。

基底 花草茶

冰

洛神花苏打

使用色泽美丽的洛神花调制出不加水果的苏打饮料。没有另外加入甜味，可能会觉得味道有些单调，若觉得味道太淡，可以加入少许柠檬汁。

配方

• 花草茶基底

洛神花3克、热水80毫升

• 配料

气泡饮料180毫升、冰块1杯

• 装饰

青柠角1块、薄荷类香草少许

做法

1 在90℃的热水中放入洛神花，浸泡10分钟。

2 用冰块填满杯子，倒入冲泡好的洛神花茶。

3 倒入冷藏过的气泡饮料。

4 用青柠角和薄荷类香草装饰。

小贴士

加入柠檬皮，香气会更丰富

如果觉得洛神花茶的味道太单调，浸泡过程中可以加入少许柠檬皮，香气和味道会变得更丰富。柠檬皮的分量为1/10个柠檬的量。

风味

牛奶香、可可香、威士忌或干邑等烈酒香被广泛用于饮品中。
天然香草荚虽然价格不菲，
但因其独特的芳香味，
也越来越多地添加入饮品中。

颜色

从天然食材中获取色彩，
如绿色的抹茶、黄色的姜黄素、蓝色的蓝锦葵等。
即使是相同的颜色，混合在清水或牛奶中，
给人的感觉也不尽相同。
预先构思，再决定饮品的基底，不失为一种好方法。

口感

当季水果胜于冷冻水果，
将草莓、蓝莓、樱桃、水蜜桃等常见的水果，
或用白砂糖稍微腌渍过的水果冷冻后再放入饮品中，
都能凸显水果的自然口感。

饮品

SIGNATURE BEVERAGE

如今，咖啡馆里的各种饮品也如咖啡或茶一般耀眼。
用饱腹感强的牛奶或豆浆调制的非咖啡饮品现在相当抢手，
利用天然水果或蔬菜制作的饮品，即使是第一次看见，也可以毫无负担地品尝。
以天然食材制作的冰砖所创造出的色彩和香味丰富的全新饮品，
也如雨后春笋般出现。

基底

咖啡和茶以外的饮品基底多为乳制品、气泡饮、果汁和冰品，将其少量添加在咖啡或茶的创意饮品中，就能够带来味道的巨大变化，如果单独饮用，也是魅力一百分的饮品主角。

基底

乳制品

滋味柔和且丰富的乳制品被运用到许多饮品中。乳制品大致可分为牛奶和酸奶两类，近期以酸奶为基底的饮品逐渐崭露头角。酸奶又分为固体和液体两类，前者主要用于需撒上配料的饮品中，后者则用于制作冰沙或果汁等创意饮品。不论牛奶还是酸奶，其保质期都很短且必须冷藏，因此在保存方面要特别留意。近年来用杏仁奶或豆奶代替牛奶的饮品也逐渐增多。

气泡饮

气泡饮分为气泡水和气泡饮料，两者是通过甜味，也就是是否加糖来区分。气泡水的气泡较大，虽然适合调制创意饮品，但是需要额外加糖，做法较为烦琐。气泡水又分为原味和柠檬风味，一般饮品基底经常使用柠檬味气泡水。气泡饮料种类很多，推荐用最基本的气泡饮料作为基底，建议使用小罐装，避免气体流失。

果汁

最常被当作果汁饮品基底的就是柳橙汁和苹果汁，经常用于制作夏季饮品。不会影响其他食材，又能让口味更加丰富。此外，在不额外加糖的饮品中加入果汁，也可以调整甜度和平衡感。调制创意饮品时，添加30%～50%的果汁，比100%使用果汁更合适。除了柳橙汁和苹果汁，菠萝汁或水蜜桃汁也出现在多种饮品中。

冰品

以风味冰砖为基底制作的刨冰，是咖啡馆中的人气之选。相比于食材的香气，基底冰砖的香味也是重要的一部分。冰砖分为水冰砖和牛奶冰砖两种，牛奶冰砖本身有甜味，可以短时间内制作出刨冰。还可以在水中放入各种香草后冷冻，增添视觉亮点。抹茶或各种粉类溶于水中制作而成的冰砖，人气也在逐渐上升。

制作

除了牛奶和气泡饮料可以购买成品，其他基底建议自制，运用到饮品中，会让口味更具深度。酸奶、果冻、冰砖等夏季饮料基底都能轻松制作完成。

冰砖

（12冰格的量）

○炼乳牛奶冰砖（牛奶300毫升+炼乳50毫升）

适合蜜豆冰或酸度低的水果类刨冰。将牛奶和炼乳混合后冷冻，制冰所需时间比清水制冰长，最好尽可能降低冷冻室温度后再制冰。冷冻成冰砖后，放在密封袋中保存。

○酸奶牛奶冰砖（牛奶280毫升+酸奶85克）

制作添加番茄等蔬果食材的刨冰时非常合适。使用自制酸奶时，因为几乎没有糖分，需要在牛奶和酸奶中加入15克白砂糖后再制冰。酸奶牛奶冰砖会是刨冰的味觉亮点。

○抹茶牛奶冰砖（牛奶290毫升+绿茶粉6克+炼乳50毫升）

用少许牛奶先将绿茶粉或抹茶粉冲开，再放入剩下的牛奶和炼乳，混合均匀。绿茶粉不易冲开，可以先过筛。如果要使用白砂糖代替炼乳，需要使用25克白砂糖。绿茶粉即使冷冻成冰也容易沉淀，建议使用深度较浅的制冰器。

○花生牛奶冰砖（牛奶300毫升+花生酱60克+白砂糖10克）

制作花生口味冰砖时，先将100毫升牛奶和花生酱一起熬煮，放入白砂糖和剩下的牛奶，冷却后再制冰。要使用没有颗粒的花生酱。冰牛奶不易和花生酱混合均匀，因此牛奶一定要加热。淋上焦糖口味更佳。

酸奶

1 在900毫升鲜牛奶中放入150毫升乳酸菌饮料，混合均匀。

2 将牛奶瓶放入装有热水的容器中静置30分钟，隔水加热。

3 将牛奶分装入适当的容器中，每份都是一次的用量。

4 将所有容器放入具有保温功能的电饭锅中，或预热至100℃后关闭电源的烤箱中，静置8～12小时。将制作好的酸奶密封后冷藏保存。

在厨房一天工作结束时制作，第二天就能使用的酸奶，可以当作刨冰的基底。加入配料当作代餐也不错。将酸奶再次倒入牛奶中，就可以制作出新的酸奶，大约可以反复制作3次。自制酸奶必须使用塑胶或玻璃材质的容器，乳酸菌才能活化，顺利制作出酸奶。建议添加在想要体现出类似奶油味道或质地的饮品中。

果冻

1 准备1包10克的蒟蒻粉。

2 按照想要的颜色和口味准备600毫升果汁。

3 将果汁和打散的蒟蒻粉放入锅中，小火加热并持续搅拌。

4 沸腾后离火，将果汁倒入模型中，放入冰箱冷却30分钟，使其凝固。

喝饮料时，如果想感受咀嚼的口感，加入果冻是个好选择，可以尝到各种口味。果冻因其本身的特性不适合热饮，因此经常添加至冷饮中。制作时要先将蒟蒻粉结块的部分打散，才能保证顺利完成制作。使用各种果汁能做出不同颜色和口味的果冻，1包蒟蒻粉适合添加600毫升果汁。

变化：基底+水果

以牛奶、果汁和气泡饮为基底的饮料与水果最为搭配，能在平淡中增添色香味。除了水果之外，蔬菜的加入也成为新的尝试。一起来认识一下牛奶、气泡饮、果汁和冰砖分别适合搭配哪些水果吧。

○牛奶+水果

相比于新鲜水果，使用糖渍水果来混合牛奶，水果的成分、味道和香气更能渗透入牛奶中。莓果类、水蜜桃和苹果都很适合，而酸性成分丰富的柑橘类水果会使牛奶中的乳清分离，不适合加入牛奶中使用。

○气泡饮+水果

气泡饮很适合加入带有柑橘类酸味的水果。此类水果的酸味大部分都包含在果皮中，因此在饮品中加入果皮十分重要。因为要用到果皮，所以洗涤也要十分留意，用少许小苏打或天然洗涤剂稍加浸泡，再用流水冲洗干净后使用。

○果汁+水果

果汁基底最好加入香气强烈的水果。大部分的果汁都有香味，如果放入个性不鲜明的水果，很可能会失去存在感。柠檬、柳橙、樱桃、草莓等水果会比梨或苹果更合适。

○冰砖+水果

相比于热饮，水果更适合加入冰凉的饮品中，只是冰砖放入饮品中，会让温度急剧下降，水果的香气可能不容易散发出来，建议将水果榨成汁或泥后再使用。此外，冰砖溶化后味道会变淡，使用的基底要比一般饮品更浓烈。

谷物脆片酸奶

谷物脆片由燕麦制作而成，经常当作早餐食用。结合酸奶与当季的水果，就是营养均衡的完美一餐。只用燕麦片即可轻松完成，另外添加水果干或椰子脆片也很好。

配方

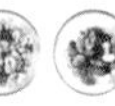

• **饮品基底**

酸奶200克（见P128）

• **其他基底**

谷物麦片100克、坚果20克

• **糖浆**

蜂蜜30克

• **装饰**

樱桃2～3颗
可食用花3～4朵
香草1枝

做法

1. 在容器中放入冷藏过的酸奶。
2. 将谷物麦片撒在酸奶上。
3. 淋上蜂蜜，撒上坚果。
4. 放上樱桃、可食用花和香草装饰。

小贴士

加入无花果干

无花果干非常适合搭配谷物麦片，味道不会太甜，酸味也不强烈，与酸奶搭配也很合适。将无花果干切成小块放入其中即可。

基底 乳制品

冰

草莓酸奶

只要有牛奶和乳酸菌饮料，就能轻松制作出酸奶，如果想增添口感，可以放入果肉完整的糖煮草莓，或者酸甜可口的草莓果酱。

配方

• 饮品基底

酸奶200克（见P128）

• 糖浆

糖煮草莓50克

• 装饰

草莓1颗、百里香和薄荷少许、可食用花少许

做法

1 在容器中放入糖煮草莓。
2 将冷藏后的酸奶淋在糖煮草莓上。
3 将草莓一切两半，放在酸奶上装饰。
4 放上香草和可食用花。

小贴士

制作糖煮草莓

在500克小个草莓中倒入150克白砂糖，腌渍半天左右，白砂糖完全溶化后将草莓放入锅中，煮沸后冷藏保存半天。取出后将糖浆和果肉分开，将糖浆熬煮至剩下一半的量，果肉再次加热煮沸。最后将糖浆和果肉一起装入玻璃瓶中冷藏保存。

基底 乳制品

五谷拿铁

记忆中的味道，用榛果糖浆调味，味道更加丰富。冰凉的五谷拿铁加上香草冰淇淋球，柔润香浓的口感立刻加倍。

配方

- **饮品基底**

牛奶200毫升

- **其他基底**

面茶粉30～40克

- **配料**

冰 冰块1/2杯

- **糖浆**

白砂糖10～15克
榛果糖浆10毫升

- **装饰**

冰 香草冰淇淋球1个
面茶粉少许

做法

1. 将10克白砂糖放入30克面茶粉中，混合均匀。
2. 将牛奶和榛果糖浆倒入锅中，搅拌均匀后充分加热。
3. 在杯中倒入面茶粉和1/3热牛奶，搅拌均匀。
4. 倒入剩余热牛奶，搅匀。
5. 将牛奶加热后产生的奶泡放在饮品上。

1. 将15克白砂糖放入40克面茶粉中，混合均匀。
2. 在牛奶中加入榛果糖浆，搅拌均匀。
3. 将1/4牛奶倒入面茶粉中，搅匀。
4. 倒入剩余的牛奶，搅匀。
5. 将冰块放入杯中，倒入牛奶。
6. 放上香草冰淇淋球，轻轻撒上面茶粉即可。

基底 乳制品

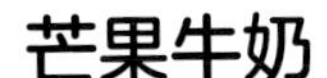

芒果牛奶

用香甜的芒果果泥提味的芒果牛奶，制作方法非常简单，将冷冻芒果打成果泥，比切块的芒果果肉更适合放入饮品中。含糖量为10%～20%的果泥务必冷冻保存，含糖量为30%～80%的果泥则要冷藏保存。

配方

• 饮品基底

冰牛奶200毫升

• 糖浆

芒果果泥120克（见P214）

做法

1 准备一个容量约为300毫升的玻璃瓶。
2 彻底去除瓶中残留的水分。
3 将芒果果泥放入瓶中，至瓶身1/3的高度。
4 将瓶身倾斜，倒入冰牛奶。
5 欣赏颜色富有层次的饮品，饮用前摇匀即可。

小贴士

制作芒果果泥

芒果果泥是使用冷冻芒果制成的，在200克冷冻芒果中放入60克白砂糖，自然解冻，白砂糖完全溶化后放入搅拌机中搅拌即可。冷藏约可保存1周。

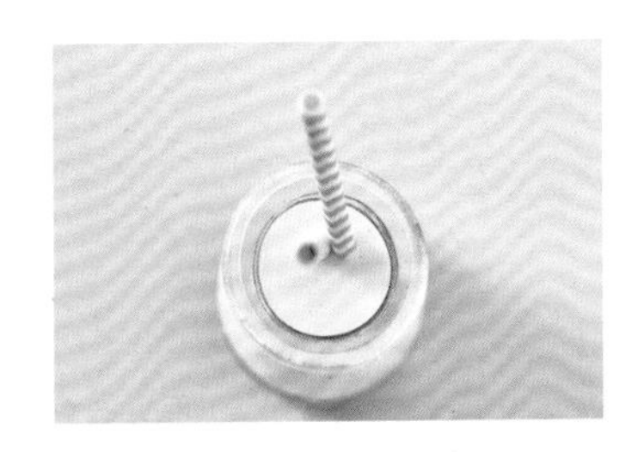

基底 乳制品

热

红薯切达拿铁

用盐和奶酪调制而成的拿铁，就像用汤匙舀着喝的浓汤一样。香甜的红薯加上调味料，调制成咸香的代餐饮品。依照个人喜好撒上肉桂粉或欧芹，也可以用马铃薯代替，制作出马铃薯切达拿铁。

配方

• 饮品基底

牛奶180毫升

• 其他基底

红薯100克

• 配料

饮用水50毫升

• 糖浆

盐1克、白砂糖8克

切达奶酪1片

• 装饰

切达奶酪1/2片、肉桂1根

肉桂粉少许

做法

1 将红薯蒸熟。

2 在搅拌机中放入蒸熟的红薯和牛奶，搅拌均匀。

3 将红薯牛奶和饮用水倒入锅中加热。

4 加热至沸腾后放入盐、白砂糖和切达奶酪，稍煮沸后关火。

5 倒入杯中，撒上切达奶酪。

6 用肉桂和肉桂粉装饰。

小贴士

放入科尔比杰克奶酪更美味

如果想要更美味，可以使用科尔比杰克奶酪代替切达奶酪，放入热腾腾的饮品中，彻底溶化后的奶酪将整个滋味提升。

基底 乳制品

冰

焦糖爆米花奶昔

在香草奶昔上加入焦糖爆米花制作而成。牛奶、香草冰淇淋和焦糖糖浆的组合十分美味，再用焦糖爆米花作装饰，不仅视觉满分，味道也满分，只要品尝过一次，就让人难以忘怀。

配方

· 饮品基底

牛奶100毫升

· 其他基底

焦糖爆米花50克

· 配料

冰块5块

· 糖浆

香草冰淇淋150克

焦糖糖浆30毫升（见P204）

· 装饰

焦糖爆米花1勺

焦糖糖浆10毫升

做法

1 在搅拌机中放入牛奶、冰块和香草冰淇淋，搅拌均匀。

2 加入焦糖糖浆，再搅拌5秒。

3 放入焦糖爆米花，搅拌均匀。

4 在杯子上半部分的内侧涂上装饰用的焦糖糖浆，等焦糖液自然流下。

5 在杯子中倒入搅拌好的奶昔，用焦糖爆米花装饰。

小贴士

焦糖爆米花的保存方法

焦糖爆米花容易受潮，务必使用密封容器保存，并且一定要放入防潮剂。

基底 乳制品

冰

马铃薯牛奶奶昔

有人会用薯条蘸奶昔吃，虽然觉得不太协调，但却非常让人上瘾。用马铃薯制作奶昔，别出心裁的组合令人大为惊奇。如果觉得蒸马铃薯太麻烦，可以用马铃薯泥粉代替。

配方

• 饮品基底

牛奶150毫升

• 其他基底

马铃薯100克

• 配料

冰块5块

• 糖浆

香草冰淇淋100克

• 装饰

蒸熟的马铃薯3～4块
胡椒粉少许

做法

1 将蒸熟的马铃薯冷藏，备用。

2 在搅拌机中放入马铃薯、牛奶、香草冰淇淋和冰块，充分搅拌。

3 倒入杯中，放上马铃薯装饰。

4 撒少许胡椒粉即可。

小贴士

想要做出香甜的口感，可以增加盐和白砂糖

冰淇淋和马铃薯本身的甜度就很高，因此没有额外加糖。如果想要更甜的口感，可以加入1小撮盐和10克白砂糖，这就是提升甜味的诀窍。

基底 乳制品

冰

草莓奶油奶酪奶昔

草莓和奶油奶酪的组合口感极佳，近乎完美。这款饮品的制作重点在于放入食材的顺序，只要熟记食谱，就能制作出充分体现所有食材风味的完美奶昔。

配方

• 饮品基底

牛奶120毫升

• 其他基底

冷冻草莓80克、奶油奶酪30克

• 配料

冰块5块

• 糖浆

香草冰淇淋80克
巧克力碎30克

• 装饰

巧克力10克、草莓1颗
薄荷类香草少许

做法

1. 在搅拌机中放入牛奶、冷冻草莓、奶油奶酪、冰块和香草冰淇淋，充分搅拌。
2. 放入巧克力碎，继续充分搅拌均匀。
3. 倒入杯中，将巧克力切碎后铺在上面装饰。
4. 放上对半切开的草莓和薄荷类香草。

小贴士

奶油奶酪切成小块

放入奶油奶酪的饮品，喝起来就像吃蛋糕。将奶油奶酪切成小块后再搅拌，味道更佳。

梅子气泡饮

冰箱里如果有梅子汁，就拿来做饮品吧。不用担心味道太甜，只要调配好比例，就能做出不输给专业饮品店的美味梅子气泡饮。梅子汁和气泡水的比例是1：3，放入冰块后慢慢品味。

配方

• **饮品基底**
气泡水150毫升

• **其他基底**
梅子汁40毫升

• **配料**
冰块1/2杯

• **糖浆**
青柠汁1/4个青柠的量

做法

1. 准备一个杯身较矮、杯口宽大的冷饮杯。
2. 在杯子中放入梅子汁。
3. 用冰块填至杯身1/2处。
4. 将青柠榨汁后倒入杯中。
5. 倒入气泡水即可，饮用前搅拌均匀。

小贴士

青梅和黄梅的差异

亲手腌渍梅子时，要注意梅子种类的选择。想要味道酸爽，就选择青梅；想要香甜的滋味，就要准备黄梅。

基底 气泡饮

冰

沙滩气泡饮

能够联想到湛蓝大海的饮品，蓝柑橘糖浆混合姜黄素，打造出翡翠般的深邃蓝绿色，添加了椰奶的鲜奶油创造出雪白的波浪，一款适合夏季的招牌饮品。

配方

• 饮品基底

气泡饮料180毫升

• 配料

冰块1/2杯

• 糖浆

蓝柑橘糖浆15毫升
姜黄素1滴

• 装饰

椰奶鲜奶油1勺（椰奶10毫升+发泡鲜奶油1勺）

做法

1 将蓝柑橘糖浆放入杯子中。
2 滴入姜黄素，混合均匀。
3 将冰块填至杯身1/2处，倒入气泡饮料。
4 在搅拌盆中放入椰奶和发泡鲜奶油，搅拌均匀。
5 将椰奶鲜奶油放在气泡饮上即可。

小贴士

色彩缤纷的装饰

轻轻撒上糖粉，让人感觉如同白沙一般。用来调制基底的姜黄素，建议购买便于使用的液体产品。

基底 气泡饮

冰

樱桃可乐

每年樱桃上市的季节，就是最适合制作樱桃饮品的时候。将樱桃风味茶放入可乐中冷泡，制作出充满樱桃香气的樱桃可乐，再在装满冰块的樱桃可乐上放上满满的新鲜樱桃，可口的冰饮就完成了。

配方

• 饮品基底

可乐500毫升

• 其他基底

樱桃花草茶包2包

• 配料

冰块1杯

• 装饰

樱桃10颗

做法

1 在可乐瓶中放入樱桃花草茶包。

2 剪断茶包的棉线，盖紧瓶盖。

3 将可乐放入冰箱冷泡12小时。

4 在杯中填满冰块，倒入可乐。

5 将樱桃放在饮品上即可。

小贴士

应倒置冷泡气泡饮

使用气泡饮料当作冷泡基底时，要注意保存气泡。将瓶盖盖紧后倒置，冷泡过程中能保留较多气泡。

基底 气泡饮

冰

哈密瓜苏打

在气泡饮料中加入少许糖浆，就成了与众不同的饮品。鲜绿色的哈密瓜糖浆为气泡饮增色，再用冰淇淋增添柔和滋味，就完成了一杯味觉和视觉出众的饮品。最后插上鲜红的樱桃，作为饮品的视觉重点。

配方

• **饮品基底**

气泡饮料180毫升

• **其他基底**

哈密瓜糖浆20毫升

• **配料**

冰块1杯

• **糖浆**

香草冰淇淋球1个

• **装饰**

糖渍樱桃1颗

做法

1. 将哈密瓜糖浆倒入气泡饮料中，混合均匀。
2. 用冰块填满杯子，将气泡饮料倒入杯中，至8分满。
3. 将香草冰淇淋球放在饮品上。
4. 在冰淇淋上放上樱桃。

小贴士

浓郁的哈密瓜香气

建议选择哈密瓜含量20%以上的哈密瓜糖浆，才能感受到浓郁的哈密瓜香气。

姜汁汽水

当你厌倦柠檬气泡饮或想要酒水的口感时，不妨品尝这道饮品。使用自制的柠檬糖浆和生姜糖浆制作，因为加入了2种糖浆，所以最好选用没有糖分的气泡水。如果必须用气泡饮料调制，可以用柠檬汁代替柠檬糖浆。

配方

• 饮品基底

气泡水180毫升

• 其他基底

肉桂1根

生姜糖浆20毫升（见P211）

柠檬糖浆30毫升（见P210）

• 配料

冰块2/3杯

• 装饰

柠檬角1块

做法

1 在杯中倒入生姜糖浆。

2 放入柠檬糖浆，搅拌均匀。

3 将肉桂放入糖浆中，静置30分钟，让香气充分渗透出来。

4 放入冰块，倒入气泡水。

5 用柠檬角装饰。

小贴士

加入肉桂粉，香气更加浓郁

如果想要更浓郁的肉桂香气，可以在做法3中加入1小撮肉桂粉。想要味道香甜就选择肉桂，想要辛辣口味就选择桂皮。

基底 气泡饮

冰

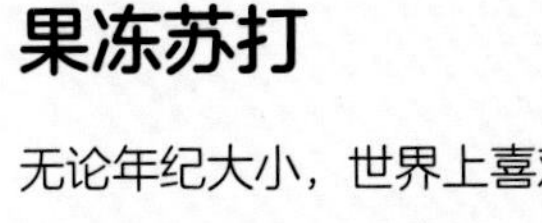

果冻苏打

无论年纪大小，世界上喜欢果冻的人要比想象中多很多。自制蒟蒻果冻放入气泡饮料中，不断涌出的气泡和口感独特的果冻，会令人无比欢愉。

配方

• 饮品基底

气泡饮料150毫升

• 其他基底

葡萄味蒟蒻果冻50克
（见P129）

• 配料

冰块1杯

• 糖浆

葡萄柚茉莉花糖浆20毫升

• 装饰

葡萄柚1/4片

做法

1 将葡萄味蒟蒻果冻切成适当大小。

2 在杯中放入葡萄柚茉莉花糖浆。

3 将果冻放入糖浆中，搅拌均匀。

4 杯中填满冰块后，倒入气泡饮料。

5 放入葡萄柚片装饰。

基底 气泡饮

冰

桑格莉亚气泡饮

将夏季饮用的葡萄酒饮料桑格莉亚制作成无酒精版本，比用葡萄酒作基底的桑格莉亚更好喝。不需要额外购买水果，使用冰箱里已有的就足够。

配方

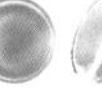

·饮品基底

气泡饮料180毫升

·其他基底

青葡萄茉莉花基底20毫升
水果切片2~3片

·配料

冰块1杯

·装饰

百里香1枝

做法

1 将现有的水果切成2毫米厚的片。

2 在大碗中放入切片水果和青葡萄茉莉花基底，浸泡20分钟。

3 将上一步中的材料放入杯中，倒入气泡饮料，用保鲜膜封口，让气泡不会流失，水果香气也能渗入气泡饮料中。

4 放入冰箱冷藏10分钟后，放入百里香和冰块即可。

小贴士

柑橘类水果需连皮使用

柳橙或青柠等带皮的水果，其浓郁的香气大多保存在果皮中，因此要连皮一起切片使用。保存草莓香气的方法则是不要用水清洗太久。

基底 果汁

冰

柑橘繁花

柳橙汁中添加玫瑰糖浆制作而成的饮品，新鲜迷迭香是香气的来源。若觉得柳橙汁太过稀松平常，就用糖浆来提升饮品的香味和色彩。使用含有果肉的柳橙汁，口感更佳。

配方

• 饮品基底
柳橙汁200毫升

• 其他基底
迷迭香2克、热水20毫升

• 配料
冰块1/2杯

• 糖浆
玫瑰糖浆20毫升（见P208）

• 装饰
柳橙1片、可食用花1朵
迷迭香1枝

做法

1 在迷迭香上倒入热水，浸泡10分钟。
2 倒入柳橙汁，搅拌均匀后浸泡5分钟。
3 将冰块放入杯中。
4 将柳橙汁用滤网过滤后倒入冰块中。
5 放入玫瑰糖浆，用柳橙片、可食用花和迷迭香装饰。

小贴士

柑橘类水果切成角，冷冻保存

柑橘类水果切好后会渗出水分，容易腐坏，可以吸干表面水分后放入密封袋或容器中冷冻保存，要使用时再取出。

基底 果汁

冰

电解质柠檬饮

在电解质饮料中加入柠檬草和柠檬片调制而成，在容易流汗的夏季或运动后饮用，有助于及时补充体内水分。若要制作冷泡茶，可以在冰杯中放入柠檬汁、柠檬片、柠檬草、花草茶包和电解质饮料，放入冰箱冷泡12小时后饮用。

配方

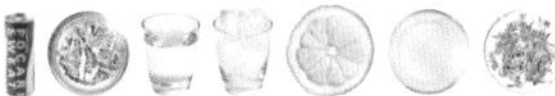

· 饮品基底
电解质饮料200毫升

· 其他基底
柠檬草茶2克、热水50毫升

· 配料
冰块1杯

· 糖浆
柠檬2片、柠檬汁20毫升

· 装饰
百里香1枝

做法

1 在柠檬草茶中倒入热水，浸泡10分钟。
2 将柠檬片放入杯中。
3 倒入柠檬汁，挤压柠檬片后搅拌均匀。
4 将柠檬草茶倒入柠檬汁中，混合均匀。
5 杯中放入冰块后倒入电解质饮料。
6 摇匀后放入百里香。

小贴士

也可以用淡盐水取代电解质饮料

可以用100毫升矿泉水加1克食盐，用相同的方法调制饮料，有助于解除口渴。

基底 果汁

翡翠苹果饮

让人联想到碧绿海水的饮料。加入柠檬香蜂草冷泡，给原本稍显单调的苹果味中增添了无限风味，调入蓝柑橘糖浆后则带出绚丽的色彩。苹果汁的苹果含量为30%～40%时，和其他食材的平衡感最好。

配方

• 饮品基底

苹果汁180毫升

• 其他基底

新鲜柠檬香蜂草3克

• 配料

冰块1/2杯

• 糖浆

蓝柑橘糖浆8毫升

• 装饰

柠檬香蜂草1枝

做法

1. 将苹果汁冰镇后备用。
2. 将蓝柑橘糖浆倒入苹果汁中，搅拌均匀。
3. 将新鲜柠檬香蜂草放入苹果汁中，放入冰箱冷泡20～30分钟。
4. 将冰块放入杯中，将冷泡后的饮品用滤网过滤到杯中。
5. 放入柠檬香蜂草装饰。

小贴士

将香草放入保鲜袋中冷藏保存

香草植物要放入保鲜袋中冷藏保存，温度过低，香草会冻住，因此要放在冰箱中央保存。

基底 果汁

香料葡萄饮

每到冬天总是特别想喝香料热红酒暖暖身，将这款饮品改成无酒精版本，全家大小都能享用。只要将香料包放入葡萄汁里熬煮，温热的果汁比想象中更有魅力。香料包只要用香辛料分装即可，使用相当便利。

配方

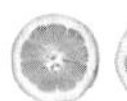

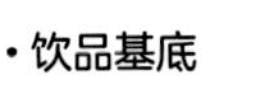

• 饮品基底

葡萄汁400毫升

• 其他基底

香料包1包、水果切片80克

• 配料

清水200毫升

冰 冰块1杯

• 装饰

肉桂、丁香、八角各1～2个

香草1枝

做法

1 锅中倒入清水煮沸，倒入葡萄汁一起熬煮。

2 沸腾后放入香料包，小火再煮5分钟。

3 放入水果切片，连同香料包一起冷藏保存。

4 温杯。杯中倒入热水后再倒出，或使用微波炉加热30秒。

5 取出饮品后充分加热，倒入预热后的杯中，用香辛料和香草装饰。

1 锅中倒入清水煮沸，倒入葡萄汁一起熬煮。

2 沸腾后放入香料包，小火再煮5分钟。

3 放入水果切片，连同香料包一起冷藏保存。

4 用冰块将杯子填满，倒入150毫升做好的饮品。

5 用香辛料和香草装饰。

小贴士

制作香料包

取一个纱布袋，放入10厘米的肉桂1个、丁香8粒、八角1个、小豆蔻2个，组成香料包。在750毫升红酒中放入2个香料包熬煮，就能享用到醇美的香料热红酒。

基底 果汁

伯爵松林

浓郁的伯爵红茶加上散发松树清香的饮品，清凉感十足。迷迭香挤压后放入其中，让松树的香气变得更加清新。适合在觉得头脑昏沉、思绪复杂的时候饮用。

配方

·饮品基底
松芽饮料150毫升

·其他基底
伯爵红茶包1包
热水100～250毫升

·配料
冰 冰块1杯

·糖浆
迷迭香1枝

·装饰
新鲜迷迭香少许

做法

1 在250毫升90℃的热水中放入伯爵红茶包，浸泡1分30秒。
2 将松芽饮料放入微波炉中加热30秒。
3 将迷迭香放入松芽饮料中，用汤匙挤压迷迭香。
4 温杯。杯中倒入热水后再倒出，或使用微波炉加热30秒。
5 在预热的杯子中倒入松芽饮料，再将泡好的伯爵红茶倒入杯中。
6 用新鲜迷迭香装饰，增加清凉感。

1 在100毫升90℃的热水中放入伯爵红茶包，浸泡1分30秒。
2 将松芽饮料冰镇备用。
3 将迷迭香放入杯中，用汤匙挤压迷迭香。
4 用冰块填满杯子，倒入冰镇的松芽饮料。
5 将冷却的伯爵红茶连同茶包一起倒入杯中。

百香椰果汁

含有椰果的饮料，加上清爽的柠檬香蜂草和酸甜的百香果。柠檬香蜂草的香气和味道与众不同，能轻松制成宛如热带风景一样的异国饮品。

配方

· 饮品基底
椰果饮料150毫升

· 其他基底
柠檬香蜂草茶叶2克
热水50毫升

· 配料
冰块1杯

· 糖浆
糖渍百香果40克（见P215）

· 装饰
柠檬香蜂草1枝

做法

1. 在90℃的热水中放入柠檬香蜂草茶叶，浸泡10分钟。
2. 将糖渍百香果放入杯中。
3. 在杯中倒入浸泡好的柠檬香蜂草茶，再用冰块填满杯子。
4. 倒入椰果饮料，用柠檬香蜂草装饰。

小贴士

椰果饮料摇晃均匀后再使用

椰果饮料使用前要充分摇晃，才能倒出饮料中的椰果，这是一款没有气泡的饮品，男女老幼都可轻松享用。

基底 果汁

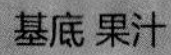

冰

综合莓果汁

如果要选出最简单又最美味的夏季饮品，非综合莓果汁莫属。方便购买的莓果用白砂糖腌渍后，倒入柠檬水，再用香草装饰，既美味又美丽的饮品就此诞生。

配方

• 饮品基底
饮用水200毫升，
柠檬汁15毫升

• 其他基底
葡萄柚茉莉花基底20毫升

• 配料
冰块1/2杯

• 糖浆
糖渍综合莓果40克
（见P213）

• 装饰
薄荷类香草1枝

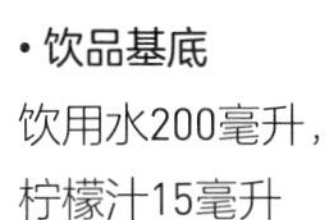

做法

1 在饮用水中放入柠檬汁。
2 将糖渍综合莓果和葡萄柚茉莉花基底混合均匀。
3 在步骤2的材料中倒入柠檬水，混合均匀。
4 在杯子中倒入饮品，用冰块将杯子填满。
5 将沉淀到杯底的莓果舀到冰块上方，用薄荷类香草装饰即可。

小贴士

制作糖渍综合莓果

用冷冻的综合莓果制作糖渍综合莓果。200克莓果中放入120克白砂糖和20毫升柠檬汁，混合均匀即可。

基底 冰品

冰

樱桃炼乳牛奶刨冰

将炼乳牛奶冰砖刨成细密的刨冰，搭配香甜的糖渍樱桃一起享用，额外加入的炼乳能提升甜美滋味。用冷冻无子樱桃或樱桃罐头代替新鲜樱桃也可以。

配方

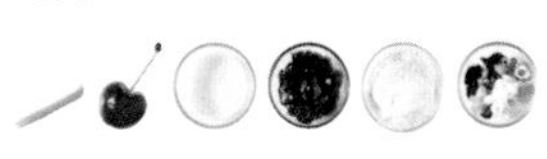

• 饮品基底

炼乳牛奶冰砖200克（P127）

• 其他基底

新鲜樱桃100克

• 糖浆

香草冰淇淋球1个

炼乳30毫升

• 装饰

糖渍樱桃100克

可食用花少许

做法

1. 将容器放入冰箱冷冻10分钟，备用。
2. 新鲜樱桃对半切开，去子，备用。
3. 将炼乳牛奶冰砖放入刨冰机，将冷冻过的容器放在机器下方，盛装刨冰。
4. 在刨冰堆叠的过程中，穿插放入糖渍樱桃。
5. 冰砖全部刨成刨冰后，将新鲜樱桃铺满刨冰表面。
6. 放上香草冰淇淋球，淋上炼乳，用可食用花装饰。

小贴士

活用各类莓果制作刨冰

这种制作刨冰的方法也适用于制作莓果刨冰，可以试试使用蓝莓、覆盆子或桑葚代替樱桃。

基底 冰品

红宝石葡萄柚刨冰

去除葡萄柚的内膜，只留用果肉，香甜又带点微苦的葡萄柚刨冰就完成了90%，再用甜蜜的炼乳降低葡萄柚的苦味，就能享受到葡萄柚的自然滋味。如果想搭配蜜红豆，不要直接放在刨冰上方，另外装在小碗中即可。

配方

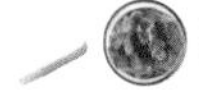
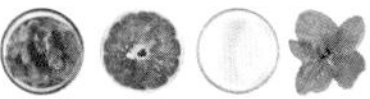

• 饮品基底

炼乳牛奶冰砖200克（见P127）

• 糖浆

炼乳30毫升

糖渍葡萄柚100克（见P213）

• 装饰

葡萄柚果肉4块

薄荷类香草少许

做法

1. 将容器放入冰箱冷冻10分钟，备用。
2. 将炼乳牛奶冰砖放入刨冰机，将冷冻过的容器放在机器下方，盛装刨冰。
3. 刨冰堆叠至一半时，铺上50克糖渍葡萄柚。
4. 将剩余的冰砖全部刨成刨冰后，取葡萄柚果肉放在上面。
5. 将剩余的糖渍葡萄柚放在上面，淋上炼乳。
6. 放薄荷类香草点缀。

小贴士

使用红宝石葡萄柚，视觉效果更佳

使用散发着红色光芒的红宝石葡萄柚，视觉上更好，再用香草或可食用花点缀，强调视觉重点。

Homestead
Jelly
Glass

基底 冰品

冰

花生牛奶焦糖刨冰

花生特有的醇厚香气，让男女老幼都喜欢上这款冰品。刨冰、香草、冰淇淋和花生碎几种不同口感的食材，味道通过焦糖糖浆得以平衡。也可以使用综合坚果来制作。

配方

- **饮品基底**

花生牛奶冰砖200克
（见P127）

- **糖浆**

焦糖糖浆40毫升（见204）
香草冰淇淋球1个

- **装饰**

花生碎70克

做法

1. 将玻璃杯放入冰箱冷冻片刻，备用。
2. 将花生牛奶冰砖放入刨冰机，将冷冻过的玻璃杯放在机器下方，盛装刨冰。
3. 在刨冰堆叠至一半时，放上20毫升焦糖糖浆和30克花生碎。
4. 将剩余的冰砖全部刨成刨冰。
5. 在刨冰上淋20毫升焦糖糖浆，放上香草冰淇淋球。
6. 将剩下的花生碎撒在上面。

小贴士

活用具有雪花冰功能的刨冰机

能够刨出雪花冰的家用刨冰机现在已经在市面上出现，可以尝试用口感独特的雪花冰制作冰品。

基底 冰品

冰

薄荷芒果刨冰

以炼乳牛奶冰砖为基底，结合香甜柔软的芒果和新鲜薄荷制作而成。薄荷为芒果刨冰增添了清凉感。

配方

• 饮品基底

炼乳牛奶冰砖200克（见P127）

• 其他基底

芒果80克

• 糖浆

芒果糖浆50毫升（见P206）

• 装饰

薄荷类香草

做法

1. 将1个透明的容器放入冰箱冷冻10分钟，备用。
2. 芒果切成适口大小。
3. 在冷冻后的容器中放入30毫升芒果糖浆。
4. 将炼乳牛奶冰砖放入刨冰机，将装入芒果糖浆的容器放在机器下方，盛装刨冰。
5. 刨冰堆叠完成后，放入芒果块和薄荷类香草。
6. 均匀地淋上剩余的芒果糖浆。

小贴士

刨冰最好搭配爱文芒果

用于制作刨冰，最好选用爱文芒果，它比其他芒果香气更为浓郁。如果只能用冷冻芒果，建议挑选切成块的芒果，使用前在室温下静置10分钟，口感会更好。

基底 冰品

冰

抹茶刨冰

舍弃蜜红豆，使用炼乳加上抹茶，做出更加浓郁的抹茶刨冰。相比于日本宇治抹茶，选择有机抹茶粉能够制作出风味更佳的抹茶刨冰。

配方

• 饮品基底

抹茶牛奶冰砖200克
（见P127）

• 其他基底

抹茶粉10克

• 糖浆

抹茶炼乳30毫升

做法

1. 将容器放入冰箱冷冻10分钟，备用。
2. 将抹茶牛奶冰砖放入刨冰机，将冷冻过的容器放在机器下方，盛装刨冰。
3. 在刨冰堆叠至一半时，均匀放上5克抹茶粉和20毫升抹茶炼乳。
4. 将剩余的冰砖全部刨成刨冰。
5. 在刨冰上撒上剩余抹茶粉。
6. 将剩余的抹茶炼乳装入其他容器中，搭配刨冰即可。

小贴士

制作抹茶炼乳

在炼乳中放入少许抹茶粉，混合均匀就做成了抹茶炼乳，比例为95克的炼乳放5克抹茶粉。

基底 冰品

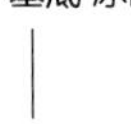

番茄酸奶牛奶刨冰

还记得第一次品尝到番茄意式冰淇淋时的震撼，原本对这种口味只是半信半疑，没想到酸酸甜甜的番茄竟然和冰品搭配得如此和谐，尽管这样的组合并不常见。尝试用番茄做个冰品吧。

配方

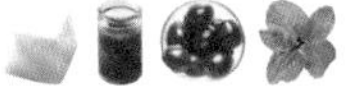

· 饮品基底

酸奶牛奶冰砖200克
（见P127）

· 其他基底

小番茄7～10颗

· 糖浆

番茄糖浆100毫升
（见P205）

· 装饰

小番茄5颗
薄荷类香草或罗勒少许

做法

1 将容器放入冰箱冷冻10分钟，备用。
2 将小番茄对半切开，备用。
3 将酸奶牛奶冰砖放入刨冰机，将冷冻过的容器放在机器下方，盛装刨冰。
4 在刨冰堆叠的过程中，穿插放入小番茄。
5 刨冰做好后，均匀地淋上番茄糖浆。
6 用小番茄和薄荷类香草或罗勒装饰。

小贴士

活用番茄糖浆

番茄糖浆是先将番茄用白砂糖腌渍后再煮沸，放入柠檬汁调制而成的。除了用于刨冰，也可以用在蔬果汁中。番茄经过加热，有助于消化吸收。

基底 冰品

冰

盆栽刨冰

曾经见过盆栽造型的蛋糕，用汤匙将看似泥土的食材挖起来吃，无论大人还是小孩都觉得很有趣。将此概念运用到刨冰上，用饼干做成泥土覆盖在刨冰上，就成了视觉和味觉都很棒的冰品。

配方

• 饮品基底

炼乳牛奶冰砖200克
（见P127）

• 其他基底

奥利奥饼干50克

• 装饰

蚯蚓造型软糖4个
迷迭香和可食用花少许

做法

1. 将容器放入冰箱冷冻10分钟，备用。
2. 将奥利奥饼干分成两半，去除中间的白色奶油，放入保鲜袋中压成粉末。
3. 将炼乳牛奶冰砖放入刨冰机，将冷冻过的容器放在机器下方，盛装刨冰。
4. 刨冰做好后，将黑色饼干粉末撒满刨冰表面。
5. 放上蚯蚓造型软糖，用迷迭香和可食用花装饰，呈现出盆栽的感觉。

小贴士

可以按照喜好选择饼干

可以按照个人喜好选择奥利奥以外的饼干，压碎成粉末后，颜色和质感类似泥土的饼干较为合适。

基底 冰品

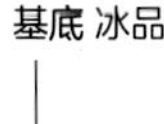

柠檬草莓刨冰

放入满满新鲜草莓的刨冰，不只颜色亮眼，食材本身的味道也棒极了。若再用简单的糖煮水果装饰，就能创造出属于自己的招牌饮品。制作糖煮水果时，在柠檬汁中放入多种莓果熬煮，可以提升味道的层次感。

配方

• 饮品基底

酸奶牛奶冰砖200克
（见P127）

• 其他基底

草莓150克

• 糖浆

柠檬糖浆70毫升（见P210）

• 装饰

百里香1枝

做法

1 将容器放入冰箱冷冻10分钟，备用。
2 将草莓全部切成薄片，备用。
3 将酸奶牛奶冰砖放入刨冰机，将冷冻过的容器放在机器下方，盛装刨冰。
4 在刨冰堆叠至一半时，均匀地淋上40毫升柠檬糖浆。
5 刨冰全部做好后，放上草莓片，再用百里香装饰。
6 将剩余的柠檬糖浆放入其他容器中，搭配使用即可。

小贴士

不喜欢酸味，可以改用炼乳

如果不喜欢柠檬的酸味，可以用炼乳代替柠檬糖浆。使用炼乳时，基底要改用炼乳牛奶冰砖。

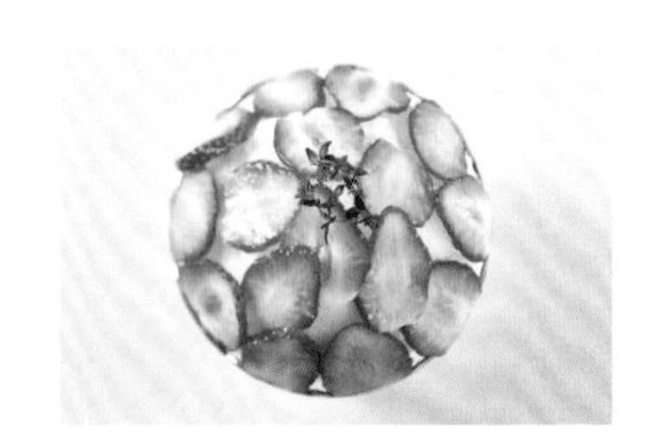

风味

活用红茶或绿茶制作的点心越来越多。茶叶混入面粉中，
或调和白巧克力或鲜奶油，使用率大增，
香气变得更加高级又自然。

颜色

来自大自然的天然色素所做出的颜色越来越多。
奶油烧焦后得到褐色，或用白砂糖熬煮后增添光泽或得到深色效果。
除了粉红色的玫瑰或洛神花，更从菠菜、
羽衣甘蓝、胡萝卜、甜菜等蔬菜食材中获取色彩，提升分量感。

口感

可以一口吃下的迷你点心正在流行。
尺寸虽然小巧，但食材的滋味丰富。
英式茶点三明治轻薄无负担，
司康味道丰富却又不会破坏饮料的风味。

点心

SIGNATURE DESSERT

咖啡店里的各式点心越来越多，相比于复杂的点心，

搭配咖啡或饮品一起享用，不会破坏饮品魅力的点心更受欢迎。

色彩丰富的同时，也要消除消费者食用时的心理负担。

一口小点心，让人感受到小又确实的幸福。

基底 三明治

小黄瓜奶油奶酪三明治

英国女王喝下午茶时，一定少不了的一道点心，放在3层下午茶架最下层。面包中间抹上奶油奶酪，放上削成薄片的小黄瓜，用盐和胡椒粉调味，就成了简单爽口的三明治。

配方

· 面包

吐司2片

· 馅料

小黄瓜1/2根

· 酱料

奶油奶酪20克

黄油或蛋黄酱3克

· 配料

盐、胡椒粉各1小撮

做法

1 将小黄瓜削成薄片，用厨房纸巾吸干水分。

2 在吐司上分别涂抹薄薄的一层黄油或蛋黄酱。

3 再抹上一两毫米厚的奶油奶酪。

4 取其中1片吐司，铺上小黄瓜片，撒少许盐和胡椒粉。

5 再覆盖上另一片吐司，用刀切除吐司边。

6 切成适口大小。

小贴士

青色小黄瓜最适合

做三明治用的小黄瓜，选择青色、口感较脆的小黄瓜最合适。

基底 三明治

火腿奶酪炼乳三明治

在火腿和奶酪之间添加炼乳，魅力十足的超人气三明治。几乎不会产生水分，就算放置一段时间也能保持美味。

配方

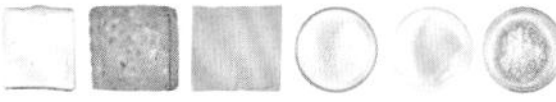

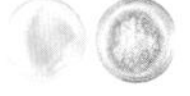

• 面包

吐司2片

• 馅料

三明治火腿1片、切达奶酪1片

• 酱料

炼乳20克、黄油或蛋黄酱3克

• 配料

盐1小撮

做法

1 在吐司上分别涂上薄薄的一层黄油或蛋黄酱。

2 将炼乳涂抹在三明治火腿和切达奶酪上。

3 在一片吐司上放上三明治火腿和切达奶酪，撒盐。

4 再覆盖上另一片吐司，用刀切除吐司边。

5 切成适口大小。

小贴士

可以根据个人喜好放入蛋皮

如果想要作早餐，可以另外加入一张煎得薄薄的蛋皮。火腿、奶酪和鸡蛋是最棒的组合。

烟熏三文鱼三明治
鸡肉蔓越莓三明治
牛油果鲜虾三明治

基底 三明治

烟熏三文鱼三明治

凸显独特烟熏香味的烟熏三文鱼不需要另外煮熟，即可直接用来当作沙拉和三明治的食材。推荐搭配芝麻菜、樱桃萝卜和适量奶油奶酪，只要再用少许香草或胡椒粉调味，就会让三明治更加美味。

配方

• 面包

法式面包切片2片

• 馅料

烟熏三文鱼薄片2片

• 酱料

酸豆奶油奶酪抹酱20克
黄油或蛋黄酱3克

• 配料

芝麻菜8～10片
樱桃萝卜1棵
莳萝、胡椒粉适量

做法

1 使用冷冻三文鱼时，要先放在冰箱冷藏半天左右，充分解冻。

2 将樱桃萝卜切成1毫米厚的薄片。

3 在法式面包切片上分别涂上薄薄的一层黄油或蛋黄酱。

4 将芝麻菜和烟熏三文鱼薄片放在法式面包切片上。

5 分别放上1大勺酸豆奶油奶酪抹酱，用樱桃萝卜片和莳萝装饰。

6 撒上胡椒粉。

小贴士

酸豆奶油奶酪抹酱

分量： 180克

食材： 奶油奶酪150克、酸豆20克、炼乳10克、欧芹粉2克、胡椒粉1克

将奶油奶酪放在室温下软化，酸豆放在厨房纸巾上吸干水分后切碎。上述两种食材中加入欧芹粉和胡椒粉一起搅拌均匀，再加入炼乳，装进密封容器中冷藏保存。

牛油果鲜虾三明治

牛油果被称为“树林中的黄油”，以牛油果为主要食材制作的三明治最近成为咖啡馆中大受欢迎的餐点。牛油果和鲜虾混合做成抹酱，适合用在英式茶点三明治或开放式三明治中，带来深邃的风味。

配方

• 面包

法式面包切片2片

• 馅料

牛油果1/2个

• 酱料

牛油果鲜虾抹酱20克
黄油或蛋黄酱3克

• 配料

可食用花、薄荷类香草适量

做法

1 将牛油果对半切开，去子、去皮后切成薄片。

2 在法式面包切片上分别涂上薄薄的一层黄油或蛋黄酱，放上牛油果片。

3 再放上1大勺牛油果鲜虾抹酱。

4 用可食用花和薄荷类香草装饰。

小贴士

牛油果鲜虾抹酱

分量：300克

食材：牛油果肉200克、虾仁80克、柠檬皮3克、柠檬汁和第戎芥末酱各5克、盐4克、胡椒粉1克

虾仁汆烫后冷却，切成红豆大小的颗粒，放入柠檬皮。将牛油果肉压碎后放入柠檬汁，再放入虾仁碎。将其他食材全部放入牛油果和虾仁中，混合均匀后放入密封容器，用保鲜膜包紧，冷藏保存。

基底 三明治

鸡肉蔓越莓三明治

用鸡胸肉做成抹酱，放在法式面包上制作而成的三明治。鸡胸肉可以用水煮或烟熏鸡胸肉，用罐头代替也可以。添加在抹酱中的蔓越莓需要提前处理，用流水洗净后蒸20分钟，再用蜂蜜搅拌，冷藏保存后使用。

配方

• 面包

法式面包切片2片

• 馅料

沙拉菜15～20片

• 酱料

鸡肉蔓越莓抹酱30克

黄油或蛋黄酱3克

• 配料

蔓越莓干5粒、胡椒粉1小撮

做法

1 在法式面包切片上分别涂上薄薄的一层黄油或蛋黄酱。

2 放上沙拉菜。

3 再放上1大勺鸡肉蔓越莓抹酱，用蔓越莓干装饰。

4 撒上胡椒粉。

小贴士

鸡肉蔓越莓抹酱

分量： 300克

食材： 鸡胸肉200克、处理好的蔓越莓70克、蛋黄酱10克、第戎芥末酱5克、欧芹粉2克、盐3克、胡椒粉1克

鸡胸肉煮熟后切成适当大小，蔓越莓提前处理好。将所有食材放入搅拌机中，搅拌均匀后放入密封容器，用保鲜膜包紧后冷藏保存。

伯爵茶司康/抹茶巧克力脆片司康

充满佛手柑香气的伯爵茶司康做完后放到第二天，奶油香与伯爵茶充分融合，味道更柔顺，口感更扎实。抹茶里放入满满巧克力的抹茶巧克力脆片司康，制作重点在于要做出不太甜又不苦涩的味道。

配方

伯爵茶司康

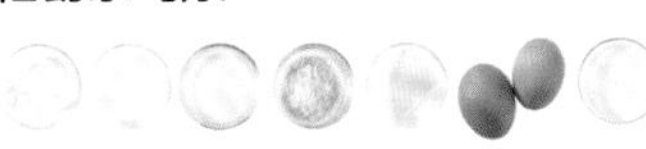

• 面团

低筋面粉360克、泡打粉16克、白砂糖40克、盐2克、黄油130克、鸡蛋2个、鲜奶油120毫升

• 要素

伯爵茶叶10克 

• 配料

牛奶或鲜奶油或蛋液少许

抹茶巧克力脆片司康

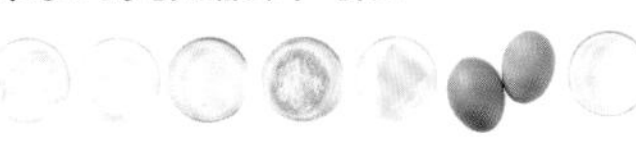

• 面团

低筋面粉360克、泡打粉14克、白砂糖45克、盐2克、黄油140克、鸡蛋2个、鲜奶油150毫升

• 要素

抹茶粉30克、巧克力脆片120克 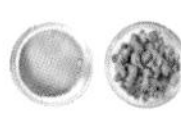

• 配料

牛奶或鲜奶油或蛋液少许

做法

1 在低筋面粉中加入伯爵茶叶、过筛的泡打粉、白砂糖和盐，混合均匀（抹茶巧克力脆片司康则是用抹茶粉代替伯爵茶叶）。

2 黄油切成骰子块大小，放入面粉中，用刮刀拌匀（抹茶巧克力脆片司康则是在这个阶段同时加入巧克力脆片）。

3 将鸡蛋和鲜奶油混合均匀，分3次加入面粉中，用刮刀切拌。

4 面团变成奶酥状后，将面团塑形成正方形，对半切开后重叠，重复这个动作2次。

5 放在冰箱中冷藏30分钟～2小时。

6 将面团均分成16等份，放在烤盘上，在表面刷上牛奶或鲜奶油或蛋液。

7 放入180℃预热的烤箱中烤15～18分钟。

基底 司康

原味司康/葡萄干司康

制作司康的方法很简单，在粉类食材中加入关键食材后迅速搅拌。另外，添加葡萄干的司康要遵照葡萄干预先处理过程，否则口感就会天差地别。葡萄干要先蒸20分钟，然后放入朗姆酒中搅拌，让葡萄干变得更滋润、柔软。

配方

原味司康

• 面团

低筋面粉360克、泡打粉14克、白砂糖40克、盐2克、黄油120克、鸡蛋2个、鲜奶油110毫升

• 配料

牛奶或鲜奶油或蛋液少许

葡萄干司康

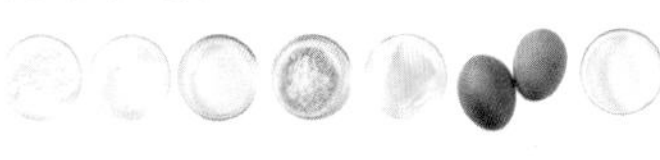

• 面团

低筋面粉360克、泡打粉16克、白砂糖30克、盐2克、黄油140克、鸡蛋2个、鲜奶油110毫升

• 要素

预先处理过的葡萄干100克 

• 配料

牛奶或鲜奶油或蛋液少许

做法

1 在低筋面粉中加入过筛的泡打粉、白砂糖和盐，混合均匀。

2 黄油切成骰子块大小，放入面粉中，用刮刀拌匀。

3 将鸡蛋和鲜奶油混合均匀，分3次放入面粉中，用刮刀切拌（葡萄干司康在这个阶段同时加入预先处理过的葡萄干）。

4 面团变成奶酥状后，将面团塑形成正方形，对半切开后重叠，重复这个动作2次。

5 放在冰箱中冷藏30分钟～2小时。

6 将面团均分成16等份，放在烤盘上，在表面刷上牛奶或鲜奶油或蛋液。

7 放入180℃预热的烤箱中烤15～18分钟。

基底 司康

红豆黄油司康

原味司康出炉后充分冷却，放入等量的冰凉黄油和红豆馅作夹馅，就成了一款广受欢迎的点心。司康务必先冷却再放入冷黄油，这样黄油才不会化开。

配方

• 面团

低筋面粉360克、泡打粉16克、白砂糖40克、盐2克、黄油140克、鸡蛋1个、鲜奶油150毫升

• 要素

黄油和红豆馅各500克

• 配料

牛奶或鲜奶油或蛋液少许

做法

1 在低筋面粉中加入过筛的泡打粉、白砂糖和盐，混合均匀。

2 黄油切成骰子块大小，放入面粉中，用刮刀拌匀。

3 将鸡蛋和鲜奶油混合均匀，分3次放入面粉中，用刮刀切拌。

4 面团变成奶酥状后，将面团塑形成正方形，对半切开后重叠，重复这个动作两次。

5 放在冰箱中冷藏30分钟～2小时。

6 将面团均分成16等份，放在烤盘上，在表面刷上牛奶或鲜奶油或蛋液。

7 放入180℃预热的烤箱中烤15～18分钟。

8 将司康对半切开，放入切成2厘米厚的黄油和红豆馅。

小贴士

注意黄油的温度

黄油的温度会对红豆馅的味道产生很大影响，黄油放在室温下太久，会变得软烂滑腻，一定要冷藏保存，食用前再取出。

基底 抹酱、果酱

绿茶抹酱

绿茶抹酱不是冲泡绿茶制作而成，而是用抹茶制作的。烘焙用的抹茶会添加绿藻粉，颜色虽然鲜明，却会削弱抹茶特有的微苦味。如果担心咖啡因，可以使用菠菜粉或羽衣甘蓝粉代替。绿茶抹酱是乳制品的加工品，必须冷藏保存。

配方

- **基底**

牛奶500毫升、鲜奶油250毫升、白砂糖100克、炼乳30毫升

- **要素**

抹茶15克

做法

1 将抹茶和白砂糖混合均匀。
2 锅中倒入牛奶和鲜奶油，加热。
3 将抹茶和白砂糖分3次加入到牛奶中，充分搅拌。
4 牛奶沸腾后转中小火，继续搅拌约20分钟。
5 当果酱像白米粥一样黏稠时，加入炼乳拌匀，然后装瓶。

小贴士

持续搅拌，防止牛奶烧焦

制作添加牛奶的抹酱或果酱时，直到完成前都要持续搅拌，才不会烧焦。开始制作时，食材的分量要低于锅的1/3高度，才不会溢出来。

伯爵茶果酱
巧克力香蕉果酱
玫瑰草莓果酱

基底 抹酱、果酱

玫瑰草莓果酱

玫瑰香气浓郁，在草莓果酱中添加玫瑰，就成了招牌果酱。

配方

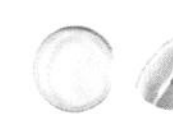

·基底

白砂糖150克

柠檬汁1/2个柠檬的量

·要素

玫瑰花瓣5克、草莓500克

做法

1 将玫瑰花瓣切碎，和白砂糖混合均匀。

2 草莓去蒂后放入锅中，倒入玫瑰花瓣，腌渍半天。

3 将草莓和玫瑰加热，沸腾后用大火煮5分钟，然后转中火，持续搅拌。

4 将果酱熬煮黏稠。

5 淋上柠檬汁后关火，冷却后装瓶。

伯爵茶果酱

为了煮出浓郁的红茶味道和香气，必须要使用红茶粉。如果没有红茶粉，可以先将10克阿萨姆红茶放入牛奶和鲜奶油混合液中，冷泡一天后过滤，再制作伯爵茶果酱。

配方

• 基底

牛奶500毫升
鲜奶油250毫升
白砂糖150克
炼乳30毫升

• 要素

红茶粉3克
伯爵茶叶10克

做法

1 将红茶粉和白砂糖混合均匀。
2 放入伯爵茶叶。
3 锅中放入牛奶和鲜奶油，加热。
4 牛奶和鲜奶油沸腾后放入步骤2中的食材，搅拌均匀，转中小火继续加热并搅拌20分钟。
5 当果酱像白米粥一样黏稠时，加入炼乳拌匀，装瓶。

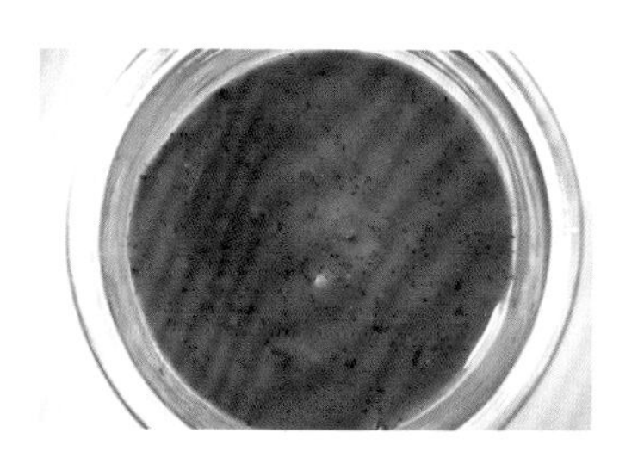

基底 抹酱、果酱

巧克力香蕉果酱

香蕉虽然比较黏稠，容易做成果酱，但味道较为单一，不妨试试加入巧克力，做出味道柔和、甜度又低的健康果酱。

配方

· 基底

鲜奶油100毫升

白砂糖80克

· 要素

去皮香蕉250克

黑巧克力80克

做法

1 将熟度适中的香蕉放入锅中压碎。

2 锅中放入鲜奶油和白砂糖，混合均匀后加热。

3 沸腾后转小火，放入黑巧克力，搅拌。

4 熬煮至果酱黏稠。

5 冷却后装瓶。

专栏

让饮品更美味！

10款手作糖浆

决定饮品味道的核心食材就是糖浆。通过加热，味道更具深度。
使用市场上购买的成品糖浆虽然便利，却难以达到自制糖浆的美味。
建议使用手作糖浆来提升饮品的风味。

* 本书中用到的榛果糖浆、太妃核果糖浆、杏仁糖浆、薄荷糖浆、荔枝糖浆、哈密瓜糖浆为购买的成品。

香草糖浆　玫瑰糖浆　巧克力糖浆　柠檬糖浆　生姜糖浆

红茶糖浆

700毫升/冷藏/30天

活用→意式咖啡奶茶、黑奶茶

1 锅中倒入水，将白砂糖溶化后加热。

2 水沸腾后关火，放入CTC红茶。

3 将锅离火，放入红茶粉，搅拌均匀。

4 冷却后用滤网过滤。

5 装瓶，冷藏保存。

食材 CTC红茶50克、红茶粉20克、白砂糖300克、水500毫升

奶茶就是牛奶和茶的混合物，但要混合出完美的味道并不容易。因此，做出调整好甜度的红茶糖浆，调制饮品时就会变得轻松。如果用伯爵茶制作红茶糖浆，和咖啡搭配起来也很和谐。

菊苣糖浆

700毫升/冷藏/30天

活用→新奥尔良冰咖啡

1 锅中放入水和干燥菊苣根，加热。

2 沸腾后放入白砂糖和黑糖，小火再煮5分钟。

3 将锅离火，冷却后用滤网过滤。

4 装瓶，冷藏保存。

食材 干燥菊苣根50克、白砂糖300克、黑糖100克、水500毫升

将干燥菊苣根焙炒后做成糖浆，可以运用到咖啡饮品中。菊苣根会散发出类似咖啡的甜味和苦味。白砂糖和黑糖混合，放入菊苣根后做成糖浆，即使不加咖啡，加入牛奶也很好喝。

焦糖糖浆

500毫升/冷藏/14天
活用→迷你焦糖牛奶咖啡、焦糖爆米花奶昔、花生牛奶焦糖刨冰

1 锅中放入白砂糖和盐。

2 倒入水，大火加热。

3 熬煮至白砂糖边缘出现焦糖色。

4 将鲜奶油连同包装放入热水中，加热至微温。

5 将鲜奶油分两三次加入锅中，小火熬煮3分钟。

6 熬煮至浓稠，冷却后装瓶。

食材 白砂糖200克、盐2克、鲜奶油300毫升、水30毫升

焦糖糖浆可以说是甜味的代名词，是一款经常用于咖啡中的糖浆。咖啡的苦味遇上焦糖的甜味，立刻有助于提升能量，因此常用于夏季冰饮中。制作焦糖糖浆时，注意不要烧焦。

番茄糖浆

250毫升/冷藏/30天
活用→番茄酸奶牛奶刨冰

1 番茄切成8等份（如使用小番茄，切成2等份即可），备用。

2 将番茄装入容器，放入白砂糖腌渍12小时。

3 将腌渍好的番茄放入搅拌机中搅拌。

4 将搅拌好的番茄放入锅中煮沸。

5 将锅离火，倒入柠檬汁，冷却后装瓶。

食材 番茄200克、白砂糖100克、柠檬汁10毫升

相比于生吃，番茄加热后营养功效会增强，建议制作成糖浆活用在刨冰、酸奶或果蔬汁里。盛夏时番茄鲜红又美味，这时多做些番茄糖浆，冷冻保存即可。

芒果糖浆

500毫升/冷藏/30天
活用→薄荷芒果刨冰

1 在冷冻芒果中放入白砂糖，腌渍12小时。

2 将糖渍芒果放入搅拌机中搅拌。

3 锅中倒入芒果汁和搅拌好的芒果泥，加热。

4 煮沸后加入柠檬汁，将锅离火。

5 完全冷却后装瓶，冷藏保存。

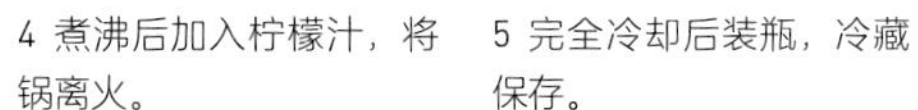

食材 冷冻芒果300克、白砂糖200克、柠檬汁20毫升、芒果汁200毫升

虽然和芒果果泥相似，但是芒果糖浆能通过提高甜度和加热延长保质期，并且甜味更突出。加入草莓果汁或猕猴桃果汁也很合适，和胡萝卜汁也是绝配，而且和牛奶的味道也很相配，使用在以牛奶为基底的刨冰中会很美味。

香草糖浆

800毫升/冷藏/30天

活用→柳橙香草咖啡、香草拿铁、香草奶泡冰滴

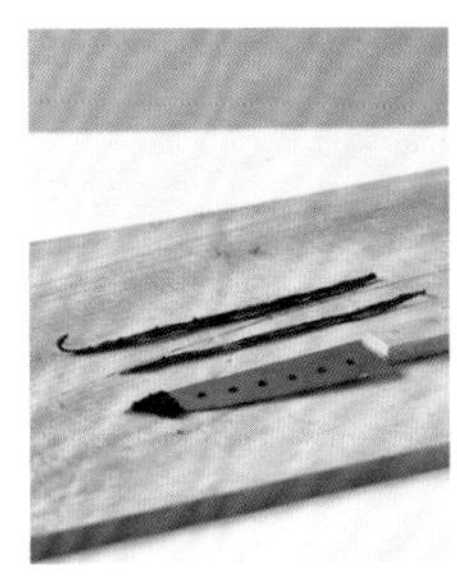

1 将香草荚对半切开，挑出香草子。

2 在搅拌盆中倒入白砂糖后，放入香草荚。

3 用白砂糖搓拌香草荚，然后切成5毫米长的小段。

4 将香草荚和白砂糖全部放入容器中，静置1周。

5 锅中放入水和盐，煮沸后放入白砂糖和香草荚。

6 冷却后拣出香草荚，将糖浆装瓶，冷藏保存。

食材　香草荚2根、白砂糖500克、盐2克、水600毫升

香草糖浆虽然也能用人工香料代替，但手作的香草糖浆香气和口味更加特别。将昂贵的香草荚放入大火中熬煮并不是正确的做法，以适当的温度加热，才能带出香草荚的味道和香气。

玫瑰糖浆

700毫升/冷藏/30天

活用→玫瑰拿铁/麝香葡萄绿茶/柑橘繁花

1 锅中倒入水和白砂糖，加热。

2 水沸腾后放入玫瑰花瓣和洛神花，关火。

3 柠檬切片，备用。

4 将步骤2中的食材倒入瓶中，再放入柠檬汁和柠檬片。

5 完全冷却后用滤网过滤。

6 装瓶后冷藏保存。

食材 玫瑰花瓣20克、洛神花5克、白砂糖300克、柠檬汁50毫升、柠檬1个、水400毫升

带有花香的玫瑰、薰衣草、茉莉花等植物制作的糖浆，用于饮品中时，饮品的香气和味道皆能提升一个层次。使用干燥的玫瑰花瓣制作糖浆，赋予单调的饮品华丽的味道。但使用时不要超越主食材的用量，才能带出独特的香味。

巧克力糖浆

700毫升/冷藏/14天

活用→鲜奶油巧克力咖啡、可可豆奶茶

1 在锅中倒入牛奶，加热至即将沸腾。

2 将火调小，分2次放入巧克力，顺同一方向搅拌至溶化。

3 将白砂糖和可可粉混合均匀。

4 在锅中放入白砂糖和可可粉，使其完全溶化。

5 将锅离火，稍微冷却后用电动搅拌器搅拌10秒，让脂肪层不产生分离（完全冷却后脂肪层会分离，因此稍冷却后要在10秒内快速搅拌均匀）。

6 装瓶后冷藏保存。

食材 巧克力200克、可可粉100克、白砂糖200克、牛奶500毫升

巧克力溶化后制作的糖浆，和牛奶很相配，和咖啡也是绝佳组合。用巧克力糖浆调整甜度，做出更浓郁丰富的奶茶。

柠檬糖浆

700毫升/冷藏/30天

活用→柠檬气泡红茶冰饮、姜汁汽水、极光冰饮、柠檬草莓刨冰

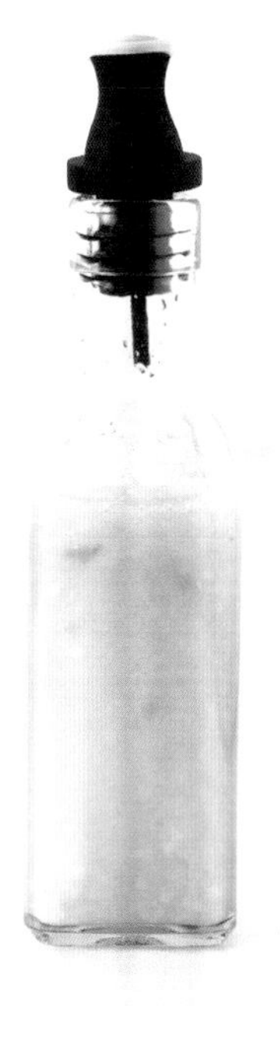

1 柠檬用小苏打或盐搓揉，洗净后切块。

2 将柠檬和水放入搅拌机中搅拌。

3 将搅拌好的柠檬水倒入锅中。

4 放入白砂糖后加热，煮沸后将锅离火。

5 冷却后用滤网过滤。

6 装瓶后冷藏保存。

食材 柠檬3个、白砂糖300克、水500毫升

柠檬加热后酸味会减弱，很适合当作饮品中的糖浆。相比于咖啡，加入茶或水果饮品中更合适。连同果皮一起制作成糖浆是重点。

生姜糖浆

700毫升/冷藏/30天
活用→姜汁汽水

1 生姜去皮，磨成泥备用。

2 在姜泥中放入白砂糖，腌渍3天。

3 锅中放入水煮沸，放入腌渍好的姜泥，再次煮沸。

4 将锅离火，完全冷却后用滤网过滤。

5 装瓶后冷藏保存。

食材 生姜200克、水600毫升、白砂糖300克

生姜是东西方都很常用的香辛料，又辣又甜，做成糖浆后运用的地方越来越多。直接加入牛奶或咖啡中，或在制作焦糖或马卡龙内馅时加入一些，都相当美味。

专栏

制作超简单的隐藏酱料

手作糖渍水果、蔬果糊、果泥

糖渍水果是由水果和白砂糖混合后腌渍而成的，
水果的水分含量不同，保存期限也不尽相同。
含糖量相对较低的糖渍水果必须冷藏保存，
白砂糖全部溶化后最好冷冻保存。

糖渍葡萄柚

300毫升/冷藏/14天
活用→葡萄柚咖啡汤力/葡萄柚茉莉绿茶/茴香薄荷冰茶/
红宝石葡萄柚刨冰

如果觉得葡萄柚的微苦滋味不好吃，建议做成糖渍葡萄柚。放在刨冰上或者加入冰饮中，丰富口感。

食材 葡萄柚200克、白砂糖100克、柠檬汁10毫升

1 将葡萄柚去皮、去内膜。
2 在大碗中放入葡萄柚果肉、白砂糖和柠檬汁，搅拌均匀。
3 白砂糖全部化开后，将糖渍葡萄柚装入密封容器，冷藏保存。

糖渍综合莓果

300毫升/冷藏/14天
活用→冬季香料热果茶/综合莓果汁

加入到气泡饮料或牛奶中，或当作刨冰的配料，和冰饮相得益彰。调制以洛神花为基底的冰茶时，加入1勺就会产生独特的色彩和味道。

食材 冷冻综合莓果200克、白砂糖120克、柠檬汁20毫升

1 在大碗中放入冷冻综合莓果、白砂糖和柠檬汁，搅拌均匀。
2 在莓果解冻的过程中，不时上下搅动，帮助白砂糖溶化。
3 白砂糖全部化开后，将糖渍综合莓果装入密封容器，冷藏保存。

芒果果泥

250毫升/冷藏/7天
活用→芒果牛奶

果泥的味道接近天然水果，常用于烘焙或饮品中。相比于含有块状果肉的芒果制品，完全打成泥的果泥更适合调制饮品。

食材 冷冻芒果块200克、白砂糖60克

1 在大碗中放入冷冻芒果块和白砂糖，让白砂糖自然溶化。
2 白砂糖完全溶化后，将芒果捣碎（用搅拌机搅打也可以）。
3 装入密封容器中冷藏保存。如1周后仍需使用，需冷冻保存。

栗子南瓜糊

300毫升/冷藏/14天
活用→南瓜拿铁

感觉到寒意时，就拿1大勺栗子南瓜糊调入热牛奶中，喝完暖暖的。香甜的栗子南瓜糊除了加在饮品中，活用在点心中也很棒。

食材 栗子南瓜200克、白砂糖100克、水50毫升

1 将栗子南瓜蒸熟后冷却，切成大块。
2 在搅拌机中放入栗子南瓜、白砂糖和水，搅拌成糊。
3 将栗子南瓜糊放入锅中，加热煮沸。
4 关火，冷却后装入密封容器，冷藏保存。

糖渍苹果

300毫升/冷藏/30天

糖渍苹果直接泡成热茶就是很棒的饮品。甜度不高的苹果经过糖渍，无论何时都能享用到甜蜜的滋味。任何种类的苹果都可以制作糖渍苹果。

食材　苹果200克、白砂糖120克、肉桂粉和盐各1克

1　苹果对半切开，去子后切成4等份，再切成约2毫米厚的薄片。
2　在大碗中放入白砂糖、肉桂粉和盐，混合均匀后放入苹果片，搅拌均匀。
3　白砂糖全部溶化后装入密封容器，冷藏保存。

糖渍百香果

300毫升/冷藏/30天
活用→百香椰果汁

酸甜又充满香气，放入冰茶或水果饮品中都很好喝。酸度比其他水果高，白砂糖的用量要比其他食谱增加20%。

食材　冷冻百香果200克、白砂糖150克

1　冷冻百香果解冻后对半切开，取出果肉。
2　在大碗中放入百香果肉和白砂糖，混合均匀。
3　白砂糖全部溶化后装入密封容器，冷藏保存。

图书在版编目（CIP）数据

咖啡馆慢时光：118 款招牌咖啡、茶饮、果汁、冰品及餐点 /（韩）申颂尔著；林文译. —北京：中国轻工业出版社，2024.3

ISBN 978-7-5184-2725-3

Ⅰ. ①咖… Ⅱ. ①申… ②林… Ⅲ. ①食谱 Ⅳ. ①TS972.12

中国版本图书馆 CIP 数据核字（2019）第 253009 号

责任编辑：胡　佳　　责任终审：张乃柬

设计制作：锋尚设计　责任校对：晋　洁　　责任监印：张京华

出版发行：中国轻工业出版社（北京鲁谷东街 5 号，邮编：100040）

印　　刷：北京博海升彩色印刷有限公司

经　　销：各地新华书店

版　　次：2024年3月第1版第5次印刷

开　　本：710×1000　1/16　印张：13.5

字　　数：200千字

书　　号：ISBN 978-7-5184-2725-3　定价：68.00元

邮购电话：010-85119873

发行电话：010-85119832　010-85119912

网　　址：http://www.chlip.com.cn

Email：club@chlip.com.cn

240364S1C105ZYW